JN026031

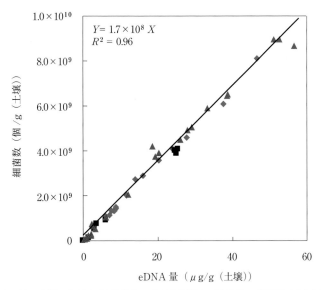

口絵 1　57 の土壌における DAPI 染色による細菌数と eDNA 量の検量線. 図 2.8 参照.
　　　　■：農地における eDNA 量
　　　　◆：油汚染土における eDNA 量
　　　　▲：非農地における eDNA 量

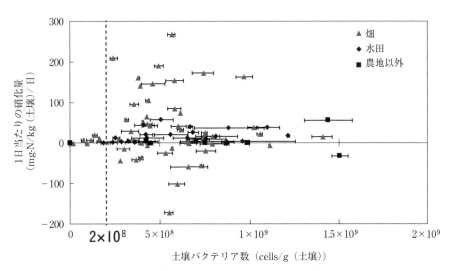

口絵 2　細菌数と硝化量の関係解析. 図 3.10 参照.

口絵 3　SOFIX 有機区と慣行区の水田比較．図 5.5 参照．

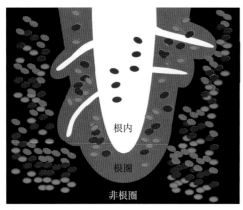

口絵 4　有機土壌における非根圏土壌，根圏，根内の細菌イメージ．図 6.20 参照．

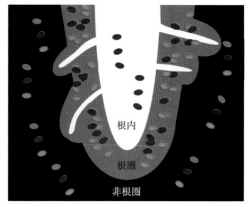

口絵 5　化学土壌における非根圏土壌，根圏，根内の細菌イメージ．図 6.21 参照．

SOFIX

物質循環型農業

有機農業・減農薬・減化学肥料への指標

久保 幹 ［著］

共立出版

はじめに

　2019 年末，中国湖北省武漢市を中心に発生した新型コロナウイルス感染症（COVID-19）は，2020 年，世界中に拡散し，新型コロナウイルス感染症のパンデミックに襲われた．これまでに経験したことのない都市封鎖が世界中で実施され，日本では 2020 年 4 月に日本全国を対象とする緊急事態宣言が発令された．おそらく，この感染症は世界史に残ることになるだろう．

　人類は長い歴史の中で，微生物やウイルスの感染症に遭遇し，抗生物質や抗ウイルス剤，またワクチンを開発し，これらの感染症と戦ってきた．植物にも同様の感染症があり，多くの薬剤（農薬）が対処法として開発され，植物病害と戦っている．しかしながら，薬剤の開発に伴い薬剤耐性菌が出現し，新しい薬剤開発とのいたちごっこが続いている．

　世界の農業は，20 世紀に大きな変革を迎えた．それまでの有機物を主体とした農業から，化学肥料と農薬を用いる農業に大きく変化したのである．化学農法では，植物が要求する量の無機化した窒素，リン，カリウムを土壌に投入していく．また，植物病害が出れば，薬剤を用いた防除や土壌燻蒸を行い，時には病気が出なくても予防的に薬剤を散布する．このように，化学農法は効率を重視した農法といえるだろう．農業の作業性や収穫量の観点から世界中に広がり，日本では 99 ％以上を化学農法に頼っている．

　一方，環境や生物多様性の観点から化学農法を概観すると，かなりの負荷を背負わせているように思う．実際，日本の農村では，つい最近まで日本の伝統的な農村の暮らしを支えていた里山という生態系がほとんど姿を消した．また，農地では，ミミズなどの小動物や昆虫はほとんど見られなくなった．

　最近，SDGs（sustainable development goals，持続可能な開発目標）という新しい単語を耳にするようになった．SDGs は，2015 年 9 月の国連サミットで採択された行動指針である．先進国・途上国すべての国を対象に，経済・社会・環境の側面において，バランスのとれた社会を目指している．達成目標は，17 のターゲットとそれらの課題ごとの達成基準から構成されている．17 のターゲットの中には，食料生産現場である農業に関連する「＃ 14．海の豊かさを守ろう」と「＃ 15．陸の豊かさも守ろう」という目標もあり，環境に配慮した持続可能な食料生産システムを考えていくことの必要性がうかがえる．

　筆者は微生物学を専攻し，若いときは大腸菌や枯草菌を用いた遺伝子組換えに没頭した．今振り返ると，遺伝子組換え技術があれば何でもできると信じて研究を行っていたように思う．しかしながら，実験中に予期せぬ遺伝子の組換えが生じることを目の当たりにした．また，遺伝子組換え微生物には相当なストレスがかかっており，実験後に環境中に戻してもすぐに死滅し淘汰されることも実感した．

　この経験から，より自然の流れに沿った形で農業を行うことにより，環境負荷や多くの生物へのストレスを軽減できると考えるに至った．そのためには，土壌中の微生物とバイオマス

の「見える化」技術が不可欠となる．この技術構築により，これまで経験と勘に頼っていた有機農業がより確実なものになる．微生物や地域資源を用いた持続可能な新しい農業システムである「物質循環型農業」は，環境配慮に直結するとともに，より自然で健康的な植物を栽培することにもつながる．

　本書は，物質循環型農業の基盤技術であるSOFIX（土壌肥沃度指標）を解説するバイブルを目指して執筆した．SOFIX開発の経緯や概念，またSOFIXの理論や技術体系を詳しく記載している．さらに，SOFIXデータを用いた農地の肥沃度向上技術，堆肥等の有機物の評価技術，および各作物の栽培技術についても詳述している．本書を通じて，21世紀の新たな食料生産に貢献できることを願っている．

　本書では，農林水産省に採択された「生物性を評価できる土壌分析・診断技術の開発および実証」および「薬用作物の国内生産拡大に向けた技術の開発」の委託プロジェクトで得られた知見も記載しており，感謝を申し上げる．末筆になったが，共立出版（株）の山内千尋氏および木村邦光氏には，本書の企画段階から多大なるご助言とご支援をいただいた．また影山綾乃氏には丁寧で正確な校正をしていただいた．心から感謝を申し上げる．

2020年9月

久保　幹

目　次

第 **1** 章

物質循環と農業

1.1　地球上の物質循環の概要

　地球環境は，その摂理に従い統制されて進行している．地球の自然環境には，「**大気環境**」，「**水圏環境**」，および「**土壌環境**」があり，共通項はあるがそれぞれ独自の環境である．これらの環境中には多くの生物が生息しており，絶えず物質が動いている．自然界には，おびただしい数の物質が存在し，すべての物質は周期表に記載されている元素で構成されている．これらの物質は，日々姿を変え，ときには低分子化され，またそれらの分子や元素は生物に取り込まれ，新しい物質に再構成されて物質が循環している．このように地球上では絶えず生物と物質が動いており，それに伴い物質が循環して生命活動は維持されている．

　農業はこれらの物質循環の上で成り立っており，地球上における物質循環の摂理を理解し，物質循環の流れに沿った植物栽培を行っていくことが，永続的な農業を展開する基盤となる．

1.2　炭素循環

　炭素（carbon; C）は，生命体の根幹をなす物質であり，環境中で絶えず循環している．炭素循環の特徴は，大気環境，水圏環境，および土壌環境のいずれの環境下でも動いていることである．

　大気環境においては，生物が有機物を分解しエネルギーを獲得後，炭素が二酸化炭素（CO_2）として大気中に放出される．その後，大気中の二酸化炭素は光合成により植物体に取り込まれ，土壌中の無機物と共に植物体内で次々と有機物が合成されていく．有機物を合成できない動物は，植物が合成した有機物を代謝してエネルギーを獲得する．その過程で二酸化炭素が排出され，炭素は再び大気中に戻っていく．動物が分解しきれない有機物は，土壌環境に放出され，土壌微生物がそれら有機物を代謝してエネルギーを獲得する．

（1）土壌環境への炭素供給
　土壌環境への炭素供給は，主に植物，微生物，そして人や動物の活動によって行われてい

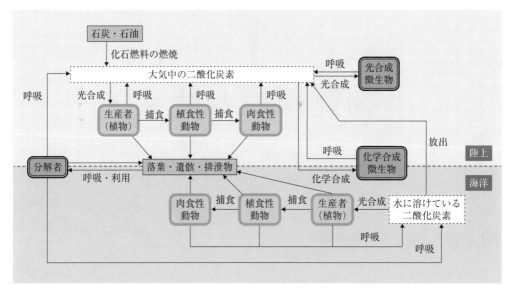

図 1.1　炭素循環の模式図

る（図 1.1）.

　植物の活動は，大気中の二酸化炭素と土壌中の無機物から有機物を合成する**光合成**である．
植物体に固定された有機物はその後，落葉や落枝などを通して土壌へと還元される．また植物
根も重要な有機物の供給源であり，根から分泌される根酸や根自身の残渣により土壌に蓄積さ
れる．

　微生物の活動による炭素の供給は，**独立栄養性細菌**による大気中の二酸化炭素の固定であ
る．独立栄養性細菌とは，無機物を利用できる微生物のことであり，二酸化炭素を固定して有
機物へと変換することができる．土壌中に生息するこれらの微生物により有機物が放出されて
いくことで，土壌中へ炭素が供給される．

　動物の活動による炭素の供給は，糞尿や死骸などの土壌中への放出により行われている．
また，人の活動による炭素の供給は，堆肥などの有機物の農地への施肥である．有機肥料は動
物系肥料，植物系肥料，そして余剰バイオマス（廃棄系有機物）を原料とした肥料などがあ
る．植物系肥料は，植物から作られるものであり，代表的なものとしては菜種や大豆の油カス
などがある．一方で動物系肥料とは，主に魚類や家畜の肉や骨から作られるものであり，魚カ
スや骨粉などがよく用いられる．余剰バイオマスを原料とした肥料は，家畜糞や農業残渣，食
品工業からの余剰産物などのバイオマス資源を利用するものであり，おがくずなどの副資材を
混合して**発酵**させ，堆肥化したものが多い．これらの有機肥料の施肥を通して炭素が農地土壌
へと還元されている．

（2）農地での炭素の分解，利用，放出

　農地に供給された有機物は，主に土の中の微生物によって分解され，微生物細胞の構成成

分やエネルギー源として利用される．この際，代謝によって炭素の一部はガスに変換され，畑地などの好気的な環境では二酸化炭素，湛水期の水田などの嫌気的環境下ではメタン（CH_4）の形で再び大気へ放出される．

　土の中の微生物の活性を高めるためには，炭素だけでなく窒素など他の栄養成分も適量含まれていることが不可欠である．**炭素・窒素比（C/N 比）**はその指標の一つであり，持続可能な農業には炭素の量と C/N 比などの栄養成分のバランスを考慮して施肥を行うことが極めて重要である（C/N 比は 3.2 節（8）で詳述）．

1.3　窒素循環

（1）土壌への窒素供給

　土壌への窒素（nitrogen; N）の供給は，主に微生物と動物や人の活動によって行われている（図 1.2）．微生物の活動によるものは，**窒素固定細菌**がその機能を担っている．その代表的なものは，マメ科植物と共生関係にある**根粒菌**である．根粒菌は大気中の窒素ガスをアンモニア（NH_3）に変換し，植物に供給している．また，根粒菌とは異なり植物との共生関係はなく，独立して窒素を固定化する**光合成細菌**のような微生物も存在する．

　一方，動物による窒素の供給は，土壌に放出される糞尿などの排泄物（アンモニアや尿素）や死骸（タンパク質系物質）である．人の活動によるものは，化学肥料や有機肥料の農地への施肥である．化学合成される化学肥料は，ドイツで開発されたハーバー・ボッシュ法によるものである．これは，大気中の窒素ガスをアンモニアとして固定するものであり，工業的窒素固定とも呼ばれている．代表的な化学肥料には，硫酸アンモニウム（硫安：$(NH_4)_2SO_4$），塩化

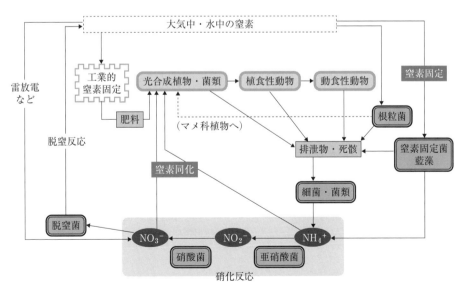

図 1.2　窒素循環の模式図

アンモニウム（塩安；NH_4Cl），硝酸アンモニウム（硝安；NH_4NO_3），尿素（$(NH_2)_2CO$），硝酸カルシウム（硝酸石灰；$Ca(NO_3)_2$），石灰窒素などがある．これらの化学肥料には窒素以外の成分として，イオウ（S）やカルシウム（Ca）などのミネラル成分が含まれている．

　このほか，大気中では，雷などによる窒素酸化物の生成も行われ，生成された窒素酸化物は降雨などにより地表へ到達し，土の中の水分に溶け込むなどして農地に流入している．雷雨ののち，農地が肥沃になるといわれるのは，窒素酸化物の供給によるものである．

（2）農地での窒素の変換，利用，放出

　植物は，硝酸態窒素（$NO_3^- - N$ で表記され，物質量はこの中の窒素成分のみで示す）もしくはアンモニア態窒素（$NH_4^+ - N$ で表記され，物質量はこの中の窒素成分のみで示す）の形で窒素を吸収している．なお，土壌は表面がマイナスに帯電しているため，マイナス荷電である硝酸態窒素は土壌とは吸着しにくい．したがって硝酸態窒素を施肥した場合，降雨や潅水によって容易に流亡しやすい．

　窒素源を供給するための化成肥料は，水に溶けやすく，また水に溶けるとプラスに荷電する硫安や尿素などのアンモニア態窒素を施肥する場合が多い．土壌に施肥されたアンモニア態窒素は，その後，土壌微生物により硝酸態窒素に変換される**硝化反応**（図1.3）が必要である．このように，硫安などの化学肥料を施肥した場合も微生物の作用が不可欠である．硝酸態窒素に変換された化学肥料は，その後植物に吸収される．

　一方，有機物の形で窒素源を施肥した場合，有機物は土壌中に生息する微生物により分解を受ける．有機態窒素は微生物によって徐々に低分子化・無機化され，アンモニアが生成される．アンモニアは上述の硝化反応により，最終的に硝酸態窒素に変換される．

　土壌環境では，窒素固定とは逆の**脱窒反応**も進行する．この反応も，微生物が担っている．この脱窒反応は，硝酸イオン（NO_3^-）が亜硝酸イオン（NO_2^-），一酸化窒素（NO），一酸化二窒素（亜酸化窒素，N_2O）を経て分子状の窒素ガス（N_2）へと変換され，最終的には大気へ放出される．また，アンモニア態窒素と硝酸態窒素から直接分子状の窒素ガスを生成する嫌気性

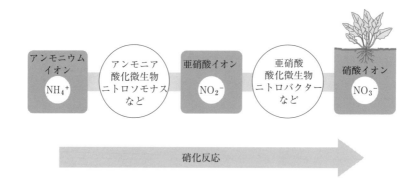

図 1.3　硝化反応の模式図

アンモニア酸化（アナモックス）という反応経路も知られており，この反応も微生物が担っている．なお，これらの脱窒反応は，いずれも酸素のない嫌気的な環境下で起こるため，畑や樹園地より水田の方で多く認められる．

1.4　リン循環

リン（phosphorus; P）は DNA や RNA などの核酸を構成する物質であり，生物にとって不可欠な元素である．植物にとっても同様に重要な元素であり，窒素やカリウムと共に植物の**三大栄養素（多量要素）**の一つとして数えられている．一般的な土壌中のリン酸濃度は，窒素やカリウムと比べて低い場合が多く，農産物を栽培する上ではリンの安定的な供給を考えていくことが重要である．

（1）土壌へのリンの供給

土壌へのリンの供給は，落葉や動物の排泄物が主要な供給源となる．農地へのリンの供給は，炭素や窒素と同様に主に人が施肥をすることによって行われている（図 1.4）．人が施肥するリン肥料には，リン酸アンモニウム（燐安；$(NH_4)_3PO_4$）や過リン酸石灰（過石；第一リン酸カルシウム（$Ca(H_2PO_4)_2 \cdot H_2O$）と硫酸カルシウム（$CaSO_4$）の混合物）のような化学肥料が広く使われている．また，有機質のリン肥料としては魚カス，骨粉，樹皮を堆肥化したバーク堆肥のほか，コウモリや海鳥の排泄物に由来するグアノが知られている．

（2）農地でのリンの変換，利用，放出

化学肥料の主成分は，水溶性リン酸であり，そのままの形で植物が利用できる．有機肥料

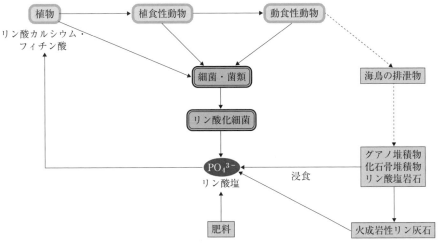

図 1.4　リン循環の模式図

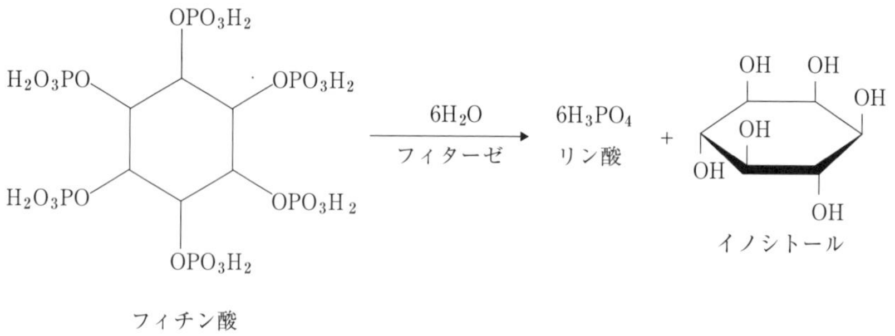

図 1.5　フィチン酸の無機化

の場合は，骨粉のようなリン酸カルシウムのほか，植物のリン貯蔵物質である**フィチン酸**など
の形で供給される．フィチン酸の場合は，微生物によって水に溶けるリン酸まで分解する反応
が必要である．この過程では，微生物が生産する酵素であるフィターゼが作用している（図
1.5）．遊離したリン酸は植物に吸収され，植物体の代謝の成分として利用される．また，一部
のリンはフィチン酸の形に戻されリンの貯蔵物質として蓄えられる．

　土壌には多種のミネラル（金属）成分が含まれており，土によってその含量には差が見ら
れる．鉄分やアルミニウム分などが多い黒ボク土では，リン酸が土壌粒子に吸着されてしま
い，植物が吸収できない不溶性のリン酸となってしまう．例えば，畑土壌には酸化鉄が含まれ
ているが，リン酸は酸化鉄に吸着されやすいため，施肥したリン肥料は植物が利用できない形
になる．逆に，水田土壌は湛水によって酸化鉄が還元されるため，畑土壌に比べるとリン酸を
利用しやすい環境にある．

　リン酸は炭素や窒素と違い，通常の環境条件では気体にならない．そのため，植物に吸収
されず，土にも吸着されなかったリン酸は，雨水や潅水によって農地外に流亡し，河川を通じ
て湖沼や海洋へと到達する．

　工業的に作られるリン肥料は鉱物（リン鉱石）が原料であるため，石油のような化石資源
と同様に有限であるともいえる．そのため，持続的な農業には，有機物由来や土に蓄積された
リンを有効に利用することが重要である．

1.5　イオウ循環

　イオウ（sulfur; S）は，メチオニンやシステインなど含硫アミノ酸を作る元素の一つであ
る．アミノ酸はタンパク質の構成成分であり，生物にとって必要不可欠な物質である．した
がって，植物の成長を考えるうえで，意識すべき元素の一つである．地球上でのイオウの存在
量は，炭素や窒素と比べると少ないことが特徴であり，土壌中のイオウ化合物は，約 75 ％が
有機態化合物である．残り約 25 ％は，硫酸塩を主とした無機態化合物の形で存在している．

　水田は土壌の上に水を張っており，酸素の少ない還元的な土壌環境である．この環境下で
は，硫化物が多量に存在し，その転換反応は活発である．例えば，エステル結合により硫酸基

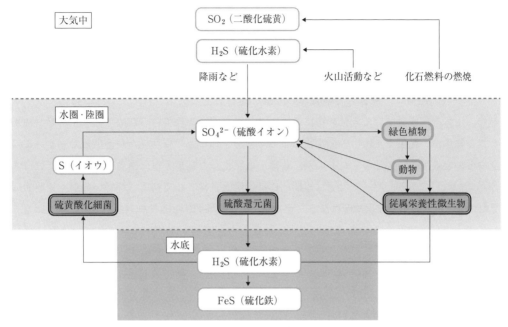

図 1.6 イオウ循環の模式図

が結合している有機態化合物は，微生物が産するスルファターゼなどの酵素により加水分解を受ける．また，硫化水素や元素イオウなどの還元状態にあるイオウは，酸化条件下になると，硫黄酸化細菌などの微生物や化学的作用により酸化され硫酸塩となる．土壌中の塩酸塩は，硫酸還元菌などの微生物の嫌気呼吸によって還元され，再び硫化水素となり大気中に放出される．硫化水素は大気中の酸素や水分子と反応して硫酸イオンとなり，降雨と共に再び地表に到達し循環している．

　水圏環境でのイオウの循環も，主に硫酸イオンと硫化水素の変換反応である．水圏環境でのイオウ化合物は，硫酸イオンとして存在することが多い．水底などの嫌気環境では，硫酸還元菌の働きによって硫化水素へと還元される．このとき，水底に鉄イオンが存在すると，硫化鉄が形成され沈殿する．硫化水素は，再び硫黄酸化細菌によって硫酸イオンとなり，微生物のイオウ源などとして利用される．このように，イオウの循環は炭素循環や窒素循環と同様に大気環境，土壌環境，そして水圏環境で循環している（図 1.6）．

1.6　ミネラル（金属）循環

　植物成長には，水や二酸化炭素のほか，カリウムなど多くのミネラルが栄養素として必要である．それぞれのミネラルにおいて，植物が要求する量が異なるため，**多量要素**，**中量要素**，そして**微量要素**に分類されている．いずれのミネラルも不足すると植物成長に悪影響を及ぼす．

（1）カリウムの循環

　カリウムは，植物の恒常性を維持するために大きな役割を果たす物質であり，植物にとっては不可欠なミネラルの成分である．カリウムは，植物の成長に伴い大量に吸収されるため，窒素，リン酸と共に三大栄養素（多量要素）の一つとして数えられている．

　カリウムの循環は，主として植物体の分解を通して土に供給されている．植物体には，細胞等，生体を構成している成分の中に多くのカリウムが含まれているためである．落葉や枯死した植物体が，昆虫や土壌中の微生物によって分解されると，カリウムが溶出してくる．このプロセスを人工的に加速させたものが，落葉を堆肥化した腐葉土や，樹皮を発酵させて製造するバーク堆肥である．バーク堆肥は短期的には土壌改良材として利用されているが，長期的に見ればカリウムの重要な供給源となる．その他，動物系堆肥にもカリウムが十分含まれている．

　このように，カリウムの循環は，まずは落葉等の有機物が土の中で分解され，土壌にカリウムが放出される．次にこのカリウムを植物が吸収し，植物体を形成する．その後，我々動物が植物を食べ生命活動を維持し，カリウムを含む排泄物は，動物系堆肥等として土壌に循環する．有機物中に存在するカリウムが，土壌へ供給されていくこの過程を理解し，効果的なカリウムの施肥を意識する必要がある．

（2）カリウム以外のミネラル（金属）の循環

　植物の成長には，カリウム以外のミネラルも不可欠である．植物にとってカリウム以外のミネラルは多くの量を必要としないため，中量要素と微量要素に分類されている．植物に必要な代表的なミネラルには，表1.1 に示すものがある．各種ミネラルは，生命維持の代謝に関わる酵素の働きを助けている．

　土壌中のミネラルは，雨水や地下水の影響で流亡したりするため，**作土層**（植物が生育する表層）にミネラル成分が不足してくると補う必要がある．土の中には一定量のミネラルが存在しているが，地域によってその含有量が大きく異なる．例えば，関東ローム層などの黒ボク土は，多くのミネラルを含有している．このように，土質を意識したミネラルの供給が重要である．

　各種ミネラルは，植物体や動物排泄物に含まれており，カリウムと同様に落葉や枯死した植物体，また動物排泄物が分解されることで，土に循環している．土へのミネラル供給を効率的に行うという観点でみると，落葉は完全には取り除かず，ミネラルの供給源として活用することが物質循環という観点から理にかなっている．

　一方，農産物中のミネラルは，動物へのミネラル供給源として極めて重要である．しかしながら，現代の農産物に含有されているミネラル量は大幅に減少している．例えば，50 年前のホウレン草の鉄分の含有量と現在のものを比べると，1/10 にまで減少している．またその他の野菜でも大幅に含有ミネラル量が減少しているとの報告が多数ある．これは化学肥料を使う農法が一般化したことで，多量要素（N，P，K）を中心に施肥しており，長年にわたる化学肥料の連用により土壌中のミネラルが不足してきていることが要因である．土壌への適切な

表 1.1 植物に必要なミネラル（金属）成分

多量要素 primary macronutrient	窒素（N）	植物細胞の構成成分. タンパク質や葉緑体の合成に必要.「葉肥」とも呼ばれる.
	リン（P）	植物細胞の構成成分. 開花・結実に重要. 細胞分裂が盛んな部位（茎や根の先端部など）に多く含まれる.「実肥」とも呼ばれる.
	カリウム（K）	根の発育を促進する.「根肥」とも呼ばれる.
中量要素 secondary macronutrient	マグネシウム（Mg）	葉緑体の構成成分. 一部の酵素が機能する際に必要な金属.「苦土」とも呼ばれる.
	カルシウム（Ca）	根の発育を促進する.
	イオウ（S）	タンパク質の構成成分.
微量要素 micronutrient	鉄（Fe）	葉緑体の合成に必要.
	マンガン（Mn）	一部の酵素が機能する際に必要な金属.
	ホウ素（B）	新芽や根の発育を促進する.
	亜鉛（Zn）	一部の酵素が機能する際に必要な金属. 植物ホルモン（オーキシン）の合成などに重要.
	モリブデン（Mo）	ビタミンの合成に必要. 窒素固定菌の働きにも重要.
	銅（Cu）	一部の酵素が機能する際に必要な金属.
	塩素（Cl）	光合成に必要.

有機物投入が, 土壌中のミネラル不足解消につながると考えられる.

このように, 昔と同量の野菜を食べても, 昨今の野菜からはミネラルの摂取はしにくくなっているのが現状である. このような観点から, 農産物を栽培する上で, 個体の大きさや味だけでなく, ミネラル含量も考慮すべきである. 我々の食事へ適量のミネラルを供給するために, 施肥材料や方法の見直しなどが必要になっている.

1.7 土壌微生物の種類と特徴

（1）土壌微生物の例

微生物とは, 肉眼では見えない小さい生物の総称で, 光学顕微鏡を用いなければ観察できないものをいう. 土壌中には, 細菌（バクテリア）, 放線菌, 真菌, 藻類, 原生動物, 線虫といった多様な微生物が生息している. 微生物の生息は, 土の粒子の大きさ, 湿度, 温度などの環境要因が関係する. 最も強い環境要因は, 有機物量である. 例えば土壌中に微生物のエネルギー源として炭素源が存在する限り, 多くの微生物が生息することができる. 土壌微生物は, 酸素が多い表層土（20〜30 cm）で多く生息し, 深度を増すに従い減っていく. また土壌微生物の体積は, 土壌の1%にも満たない. 土の中の微生物数と**微生物バイオマス量**を表1.2に示す.

細菌（バクテリア）は土壌微生物で最も小さいが, 土壌中の生息数においては最大である.

表 1.2 土壌中の微生物数と微生物バイオマス量

微生物の種類	数 （個/g（土壌））	微生物バイオマス （g/m^2）
細菌	$10^8 \sim 10^9$	$40 \sim 500$
放線菌	$10^7 \sim 10^8$	$40 \sim 500$
真菌	$10^5 \sim 10^6$	$100 \sim 1500$
藻類	$10^4 \sim 10^5$	$1 \sim 50$
原生動物	$10^3 \sim 10^4$	不定
線虫	$10^2 \sim 10^3$	不定

放線菌は，数においては細菌より 10 倍程度少ないが，サイズが大きいため，微生物バイオマスとの関係は細菌と同様である．**真菌**は数としては少ないが，放線菌よりもさらにサイズが大きい場合があるため，微生物バイオマスの中では多くの割合を占める．細菌，放線菌，および原生動物は，土壌環境の変化に対して真菌よりも耐性が高いため，農耕地においてはバイオマス量が比較的多い．農耕地でない自然の土では，炭素量が多い傾向があるため，真菌や線虫のバイオマス量が多い傾向にある．

（a）細菌（バクテリア）

上述したとおり，細菌は，土壌微生物で最も多くを占めるグループである．細菌はウイルスを除く微生物の中で最も小さいが，数は最大である．また微生物バイオマスの約 1/2 を占めるのが細菌である．細菌は，細胞小器官を持たない単純な構造を有しており，**原核生物**に分類されている．地球環境において，細菌は多くの反応に関与している．農業分野においては，有機物の代謝，炭素の循環，窒素の循環，リンの循環，イオウの循環など，土壌中の物質循環の主要な反応を担っている．

（b）放線菌

放線菌は，細菌とカビ（糸状菌）の両方に似ているが，細菌と同様に細胞内小器官を持たない原核生物である．サイズ，形，グラム染色に対する反応という点において細菌と類似点があり，原核生物に分類され細菌に属している．しかし，放線菌は偽菌糸や胞子を形成し，また再生メカニズムという点でカビ（糸状菌）に似ている部分も多い．

放線菌は，抗菌物質を産生するものが多く，抗生物質製造など医薬産業で，広く工業利用されている．一方，土壌環境中では，木質由来のセルロースや甲殻類由来のキチンなど，細菌では分解しにくいものを分解することが可能である．肥沃な土壌には放線菌が多いとされ，森林などの香りは放線菌の香りといわれている．そのため，放線菌の香りが感じられる土壌環境には，放線菌が多く含まれているとされ，経験的に放線菌が多い土壌は肥沃な土壌であると認識されている．また放線菌は高熱環境などの過酷な状態でも生育できる特徴を有しており，堆肥の発酵製造にも重要な反応を担っている．

（c）真菌

　真菌はカビ（糸状菌），酵母，キノコなどの**真核生物**であり，肉眼で観察されるものもある．土壌中の真菌数は，放線菌に次いで多く，真菌の大きさは，単細胞の酵母からキノコまでさまざまである．真菌は，酸性や乾燥のようなストレス環境下において，細菌よりもよく生育する場合が多い．

　農地環境において，真菌は植物残渣（根や落葉等）を分解し減量化している．また真菌自体が土壌中の他の生物の餌となる場合も多い．他にも菌根菌など植物や他の生物との共生関係がある真菌も存在している．

（d）藻類

　藻類は，光合成によって自身で栄養を生産することができる微生物である．そのため，藻類は光と水分を十分に得ることができる環境である水田や湖沼などに多く生息している．この特徴から，水田は畑に比べ窒素固定の量が多いため，窒素肥料成分をそれほど必要としない．なお，一定の水分と温度があれば土の中でも生息でき，他の微生物と共生して空気中の窒素を土の中に固定化する藻類もある．

　熱帯地域の土は，有機物の含有量が比較的少ない．このような環境下では光合成によって自身の中に有機物を貯蔵できる藻類の存在が非常に重要である．さらに，藻類は光合成によって土壌環境に酸素を供給するため，水田のような酸素が入りにくい環境では酸素を要求する微生物の生育に寄与している．

（e）原生動物

　原生動物は，明確な核を持つ細胞からなる真核生物であり，土壌環境中では，上層に存在している．原生動物は，特定の種の細菌，例えば，アエロバクター属（*Aerobacter*），アグロバクテリウム属（*Agrobacterium*），バチルス属（*Bacillus*），大腸菌，ミクロコッカス属（*Micrococcus*）やシュードモナス属（*Pseudomonas*）などを好んで餌とする性質があるため，土の中では，土壌細菌数の制御に関与している．農業において，有機肥料の施用により土壌細菌が増えることから，連動して原生動物の数も増えていく．

（f）線虫

　線虫は，線虫動物門に属する動物の総称である．大半の種は土壌や海洋中で非寄生性の生活を営んでいるが，寄生性線虫の存在も知られている．植物に寄生する線虫としては，ネコブ線虫がある．土壌中のネコブ線虫密度が高くなると病害が発生しやすくなり，ナス科のナス，トマト，ピーマン，ウリ科のキュウリ，メロン，スイカなどに寄生する．ネコブ線虫に寄生された植物の根は，数珠のようにコブが膨れ栄養の吸収が阻害され，収量が低下する．線虫の防除として農薬を用いた土壌燻蒸や，対抗植物であるマメ科のクロタラリアやイネ科のギニアグラス，キク科のマリーゴールドなどが利用されている．

表 1.3　酸素要求による微生物の種類

分類	微生物
好気性菌	ニトロソモナス属（*Nitrosomonas*）
	バチルス属（*Bacillus*）
	リゾビウム属（*Rhizobium*）
	シュードモナス属（*Pseudomonas*）
	放線菌
	カビ（糸状菌）（fungi）
嫌気性菌	クロストリジウム属（*Clostridium*）
	バクテロイデス属（*Bacteroides*）
通性嫌気性菌	大腸菌（*Escherichia coli*）
	乳酸菌（lactic acid bacteria）
	酵母（yeasts）

（2）酸素要求による微生物の分類

　好気性微生物とは，酸素がなければ生育できない微生物群をいう．これに対し，無酸素環境下で生育し，酸素があると死滅する微生物群を嫌気性微生物として分類する．多くの嫌気性微生物は，その代謝により，硫化水素およびメタンなどのガスを発生する．病原性のクロストリジウム属も嫌気性微生物である．

　好気性微生物および嫌気性微生物に加えて，酸素の有無にかかわらず活動をすることができる微生物群を通性嫌気性微生物という．これらをまとめたものを表1.3に示す．

1.8　土壌微生物と農業

　土壌微生物には，土に供給された有機物を有用な物質に分解・変換する機能がある．また，有害な農薬などの化学物質を分解・無毒化する微生物も存在し，土壌環境の維持にも貢献している．農業における土壌微生物の主な役割について，図1.7にまとめる．

（1）有機物の分解

　土壌微生物は有機物を栄養分として生育するため，土壌中の有機物を分解する．特に細菌，放線菌，そしてカビ（糸状菌）は，自然界から放出された初期段階の有機物をよく分解する．また人工的に作られた合成有機物も同様に分解することができる．分解された有機物は低分子化していき，多くの土壌微生物によりさらに分解を受け，最終的には二酸化炭素や無機物となる．有機物の種類や分解産物によって，それらを分解する土壌微生物の種類は変わってくるため，有機物の効率の良い分解のためには，多様の微生物種が必要である．

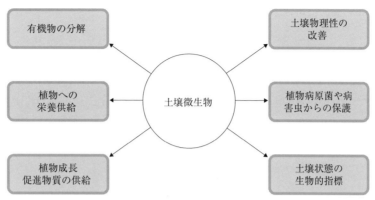

図 1.7 農業における土壌微生物の主な役割

（2）植物への栄養の供給

　植物は，高分子である有機物をそのまま栄養として吸収することができない．微生物によって有機物が無機物に分解され，低分子になった無機物が植物の栄養となる．また土壌中にはさまざまなミネラル（金属）成分があるが，リン酸カルシウムや硫酸鉄など植物が直接吸収できない状態のものも多くあり，微生物の分泌する有機酸等によって可溶化し植物に供給される．

　土壌微生物には，空気中の窒素を土に固定化する窒素固定微生物が存在する（1.3 節参照）．植物の成長に必要な窒素の最大 60 ％までであれば，窒素固定微生物の活動によって，賄うことができるといわれている．窒素固定微生物には下記に示す二つのグループがある．

（ⅰ）　非共生タイプ

　好気性の従属栄養型は，アゾトバクター属（*Azotobacter*），シュードモナス属（*Pseudomonas*），アクロモバクター属（*Achromobacter*）などがあり，好気性の独立栄養型は，ノストック属（*Nostoc*），アナバエナ属（*Anabaena*），カロスリックス属（*Calothrix*），藍藻などが知られている．また，嫌気性の独立栄養型ものとして，クロストリジウム属（*Clostridium*），メタノバクテリウム属（*Methanobacterium*）などがある．

（ⅱ）　共生タイプ

　マメ科などと共生する共生根粒型は，リゾビウム属（*Rhizobium*），ブラディリゾビウム属（*Bradyrhizobium*）などがあり，イネ科などと共生する菌根共生型は，アゾスピリラム属（*Azospirillum*）などが知られている．

（3）植物成長促進物質の供給

　土壌微生物には，オーキシン（IAA）やジベレリン等の植物成長ホルモンや，抗菌物質である抗生物質などを産生する微生物が存在し，植物の成長を促すさまざまな物質を生産している．このような物質を産生する微生物種は，**植物成長促進細菌**（plant growth-promoting bacteria; PGPB）といわれている.

（4）土壌物理性の改善

　土壌の物理性は，土壌を形成する粒子の集合によって決まる．自然界から土壌に到達した多糖類やリグニンは，土壌微生物によって分解されていく．それらの分解過程における中間生成物は，土壌粒子を接着するという重要な役割を担う．真菌と放線菌のいくつかの種は，粘着質の細胞や菌糸体が，土の凝集性を高める性質を持っている．土の結着力は，カビ（糸状菌）が最も高く，次いで放線菌，細菌，酵母の順である.

（5）植物病原菌や病害虫からの保護

　すべての土壌微生物が植物にとって有益であるとは限らない．植物の病気を引き起こす原因菌も土壌中には生息している．一方，土壌微生物の中には，**植物病原菌**から植物を守るものもいる．土壌微生物による病気の制御に関するメカニズムは，下記に示すようにいくつか存在する.

* 植物の病原菌を抑える（例：ネコブ線虫を制御する微生物）
* 抗菌物質（生物農薬）の生産
* 病原菌等の微生物を溶菌させる酵素を分泌する微生物
* 病原性微生物と非病原性微生物との栄養の競争による病原性微生物の抑制
* 微生物叢（そう）の多様化による植物病害の防除

　植物病原菌への対策において，微生物を利用する場合，さまざまな微生物（ウイルス，細菌，真菌）を**生物農薬**として育成する必要がある．ある種のカビ（糸状菌）は，野菜，果実や麦の線虫による害を制御する線虫用農薬として利用できる可能性がある．また，特定の細菌やカビ（糸状菌）が生産する物質が植物体の病気のコントロールに利用可能である．例えば，*Trichoderma* sp. や *Gleocladium* sp. のようなカビ（糸状菌）は，種子や土壌に由来する病気をコントロールするのに用いられている．同様に，数種のカビ（糸状菌）（*Entomophthora, Beauveria, Metarhizium*）属と原生動物（*Maltesiagrandis, Malamaema locustiae*）が害虫の管理において利用されている．また細菌においては，*Bacillus thuringiensis* や *Pseudomonas* 属などが害虫を制御することが知られている.

（6）土壌状態の生物的指標

　微生物は，環境の変化に敏感に反応するため，土壌環境を知る**生物的指標**として用いられる．一般的に，土壌微生物の数が多いときには，土壌中の栄養も豊富であることと一致する．土壌微生物数は，有機炭素や窒素の量と高い相関があるため，土壌微生物数が多ければ，土に有機物が多いと推定できる．また土壌中の酵素活性は，微生物数に比例して増加するため，土の微生物数は土の質の変化を表し，土壌状態の生物的指標として使うことができる.

1.9 物質循環，微生物，そして農業

（I）物質循環と農業

　今から約 100 年前までは化学肥料が存在せず，有機物を農業の肥料として使っていた．農地土壌には有機物が供給されるため，それを分解する微生物が豊富に存在していた．有機物を使った農業，有機農業の基本は，土壌中の物質循環であり，その物質循環を担う生物が微生物である（図 1.8）．

　有機物は，炭素を中心として炭素と各種ミネラル（金属）分が結合した高分子化合物である．有機物は，高分子であるため水に溶けにくく，また分子量が大きいため植物は直接吸収することができない．土壌中に入った有機物は，土壌微生物の栄養素になるため，適度な水分と温度条件が整うと有機物の分解が始まる．微生物は有機物の代謝によりエネルギーを獲得し，有機物の一部は二酸化炭素となって大気中に放出される．また，代謝過程で生じる硝酸，リン酸，カリウムなどの無機物は，低分子となり水に溶けやすくなる．これらの無機物は，化学肥料の成分と同じで物質であり，植物の肥料成分になる．

　土壌汚染が生じた場合，土壌中に微生物が顕著に減少していく．農業の場合は，土壌燻蒸剤や農薬の連用により，土壌微生物数が著しく減少している圃場が多々見られる．これらの土壌環境の場合，有機物を投入してもほとんど分解が進まない．このように，微生物数が大きく低下した農地では，有機物施肥の肥効は期待できないことから，有機農業では常に微生物に気を配らなければならない．

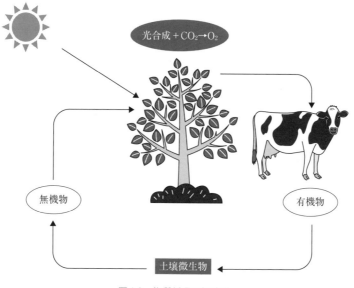

図 I.8　物質循環の概略図

（2）土壌肥沃度と微生物

　肥沃な土とは，豊富な有機物を含み，植物が利用可能な栄養素を豊富に含む土のことである．植物は，成長過程で18種類の栄養素を必要とする（このうち，代表的なものを表1.1で挙げた）．この**必須植物栄養素**のリストと植物が摂取できる各栄養素の形態を表1.4に示す．農業においては，これらの栄養素を過不足なく供給していくことが重要となる．

　土壌肥沃度は，植物に栄養素を供給するための「地力」として定義される．地力とは，土壌の化学性，物理性，そして生物性の三要素と，その相互作用による複合的効果の結果である（図1.9）．土壌の生物的性質の一つである土壌微生物の挙動の変化は激しい．生物的変化は，化学的変化および物理的変化よりも短い時間で変化するため，土の生物的状態を詳細に定義することは難しい．そのため土壌肥沃度の改善は，化学性と物理性の改善を主として試みられてきた．しかし土壌の生物性は土壌微生物を活性化し，植物に栄養を供給するという大きな役割があるため，同様に土壌肥沃度の重要な決定要因として取り扱う必要がある．つまり土壌肥沃度は，土壌の化学的性質や物理的性質と共に，土壌中に生息する微生物の状況にも大きく依存する．

　土壌肥沃度の低い土壌は，微生物の活動が低下しているため，微生物活動の活性化が不可欠となる．土壌の生物性を理解し，微生物の活動も高めるような土壌管理を通じて，農産物収量を改善することが重要である．

表1.4　植物の必須栄養素とそれぞれの取り込み形態のリスト

分類	No.	必須要素	取込み形態
多量要素	1	炭素	CO_2
	2	酸素	O_2 , H_2O, CO_2
	3	水素	H_2O
	4	窒素	NH_4^+, NO_3^-
	5	リン	$H_2PO_4^-$, HPO_4^{2-}
	6	カリウム	K^+
中量要素	7	カルシウム	Ca^{2+}
	8	マグネシウム	Mg^{2+}
	9	イオウ	SO_4^{2-}
微量要素	10	鉄	Fe^{3+}, Fe^{2+}
	11	ボロン	H_3BO_3, $H_2BO_3^-$, BO_3^-
	12	マンガン	Mn^{2+}
	13	亜鉛	Zn^{2+}
	14	モリブデン	MoO_4^{2-}
	15	銅	Cu^{2+}
	16	塩素	Cl^-
	17	コバルト	Co^{2+}
	18	ニッケル	Ni^{2+}

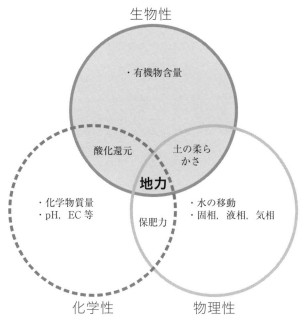

図 I.9　土壌の化学性，物理性，および生物性

第2章
農業の変遷と展望

2.1　経験的な有機農法の始まり

　人類は長い間，狩猟や植物採集から食料を獲得していた．その後，積極的に農地を開墾し，そこで植物を栽培する手法を身につけた．これが農業の誕生であり，徐々に安定した食料が得られるようになっていった．経験的農法は，有機物を肥料として使う手法（**経験的有機農法**）であり，その始まりは約1万年前に遡るといわれている．

　有機肥料は，山の落葉や腐葉土，また草や農産物の残渣，さらには魚介類などの食料残渣を農地に投入することから始まり，その後，人糞・家畜糞やその発酵産物である堆肥を使うように進化していった．この段階では，有機物中に含まれる肥料成分や肥料成分量の意識は低かった．有機物の投入は，経験や勘で行われており，有機肥料の種類・量と植物の成長という観点から農業が進められていったと推察される．その後，徐々に農地を中心とした集落が形成され，その地域での物質循環を伴った農業が進められるようになった．

　有機農業は，堆肥や油カスなどの有機物を肥料として投入する農法である．有機物は高分子であるため水に溶けにくい．また，有機物は農地中での保持力が高く，また環境流出が少ないが，微生物により無機物への変換が必要である．有機肥料は，窒素，リン，そしてカリウムなどの肥料成分が高分子として混ざり合っているため，無機物に変換されることを想定した正確な有機肥料投入が難しい．そのため「経験と勘で有機物を投入」する経験的有機農法が行われており，これが「有機農業は，誰でもができる農法ではない」といわれる所以となっている．このように，有機農業は「再現性」という点で大きな課題を抱えていた．また投入した有機物は，土壌中での分解に時間がかかることから，肥効が出るまでに時間がかかり，農産物の生産性が低いという課題もあった．

2.2　化学農法の始まり

　19世紀に入り，ユストゥス・フォン・リービッヒ（Justus Freiherr von Liebig, 1803～1873）は，植物の生育に関する窒素，リン酸，カリウムの「**三要素説**」を提唱し，これに基づ

き無機態の窒素, リン酸, カリウムを化学合成した**化学肥料**を作った. その後, 20世紀に入り, これらの化学肥料は工業的に大量生産できるようになり, 化学肥料を用いた**化学農法**が確立した.

化学農法は, 化学的に合成された無機態の窒素, リン酸, およびカリウムなどを農地に投入する農法のことである. 肥料成分は植物が直接利用できる形態であり, また水によく溶けるため即効性を有している. さらに窒素成分, リン成分, そしてカリウム成分を別々に施肥することもできるため, 農地の肥料成分制御が容易である. このように, 有機農法と比べると, 化学農法は極めて再現性が高い農法となった. このような背景から, 日本や先進国において, 農業のほとんどは化学肥料と農薬を用いる化学農法が一般的となり, **慣行農法**（conventional agricultural system）といわれるようになった.

有史以来, 続けられてきた経験的有機農法であったが, この100年間で農業革命が起き, 農業スタイルは激変した. 革命には功罪の両面が必ずあり, 時間の経過と共に負の面が徐々に表れてくる. 化学肥料の発明・開発により, 土地生産性と労働生産性は著しく高まったが, 自然界への循環系や平衡を乱すという負の側面が顕著になってきた. また21世紀に入り, 農産物の生産性の低下も指摘され始めており, 次々に課題が見えてきている. 今ここで農業の原点に立ち返り, これらの課題を整理し解決していくことが極めて重要である.

2.3 有機農法と化学農法の違い

有機農法と化学農法は, 用いる肥料タイプが大きく異なる. すなわち, 有機農法は有機物を肥料として用いる農法であるのに対し, 化学農法は無機物を肥料として用いている. 有機肥料の場合, 農地に投入された有機物は, 微生物の作用により徐々に低分子化していく.

窒素成分でみると, タンパク質が有機肥料の主要な成分である. タンパク質は土壌中で図2.1に示す反応により無機化されていき, 最終的に植物が吸収できる硝酸イオン（NO_3^-）になる（1.3節参照）.

一方, 化学肥料の場合, 窒素肥料の成分として硝酸カリウムなどの硝酸塩を土壌に投入すると, すぐに水に溶け硝酸イオン（NO_3^-）になる. 土壌は負に帯電しているため, 硝酸イオンは土壌に吸着できない. したがって, 雨が降ると硝酸イオンは容易に流され, 植物に吸収される前に環境中に流出することも多く, **追肥**の回数が必然的に増える. そのようなことから化学肥料の窒素成分は, 硫酸アンモニウム（硫安；$(NH_4)_2SO_4$）の形で投入する場合が多い.

具体的に説明すると, 硫安は水によく溶け, すぐにアンモニウムイオン（NH_4^+）と硫酸イオン（SO_4^{2-}）に解離する（図2.2）. アンモニウムイオンは正に帯電していることから, 土壌と吸着しやすく, 硝酸イオンと比べると格段に環境への流出は少ない. しかしアンモニウムイオンは, イネ科の植物以外は吸収することができないため, 多くの植物に吸収されるためには, 硝酸イオンに変換されなければならない. つまり, 硝化という反応プロセスが必要となる(図2.3, 図1.2および図1.3参照).

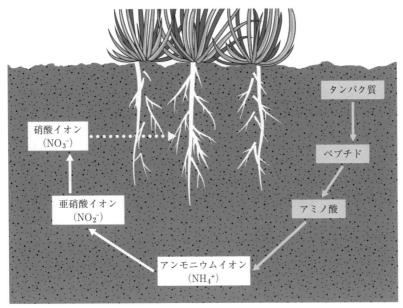

図 2.1 有機肥料（窒素成分）の土壌中での分解

$$(NH_4)_2SO_4 \rightleftarrows 2NH_4^+ + SO_4^{2-}$$

図 2.2 硫酸アンモニウム（硫安）の解離

$$NH_4^+ \rightarrow NO_2^- \rightarrow NO_3^-$$

図 2.3 硝化のプロセス

　土壌環境中において，タンパク質から硝酸イオンへの反応や，硫安から硝酸イオンへの硝化反応プロセスは，土壌中に生息する微生物により行われている．有機肥料を用いる場合，微生物の果たす役割が非常に重要であるが，硫安等を用いる化学肥料の場合も同様に，肥効が出るには，硝化反応プロセスが必須である．このように，化学農法の場合も微生物の機能を利用しているため，土壌中の微生物の数や動きに注意を払う必要がある．

　次に，リン成分でみると，植物のリン貯蔵物質であるフィチン酸などが有機物として土壌に供給される（1.4 節参照）．落葉などに含まれるフィチン酸は，図 1.5 に示す反応で無機化されていき，リン酸となり植物に吸収される．しかし，土壌中にはミネラル成分が含まれているため，リン酸は土壌 pH の状況によりカルシウムイオン（Ca^{2+}），鉄イオン（Fe^{2+}），またアルミニウムイオン（Al^{3+}）と容易に結合する（図 2.4）．その結果，**リン酸カルシウム**（カルシウムイオンとリン酸イオン（PO_4^{3-}）または二リン酸イオン（$P_2O_7^{4-}$）からなる塩の総称）等の不溶性のリン成分となるため，植物には吸収されなくなる．

　リン酸カルシウムは土壌 pH が 6.5 前後のとき，リン酸とカルシウムが解離し水溶性のリン酸が生成されるが，**リン酸鉄**（$Fe_3(PO_4)_2$）や**リン酸アルミニウム**（$AlPO_4$）は，土壌の pH 変化では解離しない．したがって，有機物から植物へのリン供給は，土壌中のミネラルとリン酸が結合しにくい pH 域（pH 6.5 前後）が好ましい．

　ここで，図2.5に有機農法と化学農法の概略図を示す．有機農法は有機物を土壌に施肥し，その有機物は微生物の作用により徐々に低分子化され，無機物となり植物に吸収されていく．その際，有機物の中に含まれる多量要素である窒素，リン酸，カリウムだけでなく，中量要素や微量要素であるミネラル（金属）も同時にイオン化され，植物に吸収される．このように有機物施肥は，微生物の機能により種々な反応を経るため時間を要する．特に，微生物数や微生物種が限られている土壌では，これらの反応が停滞し，また土壌燻蒸直後や度重なる土壌燻蒸により微生物数が大幅に減少している土壌では，有機肥料が低分子化されにくいため，ほとんど肥効は示さない．

　一方，化学農法では，土壌中に存在する無機態の窒素，リン酸，およびカリウムを測定後，不足している無機態の肥料成分を投入する．また，植物病原菌や害虫，また除草のために農薬を使用する．そのとき，植物病原菌を殺菌するため，塩素系の土壌燻蒸剤を使う場合がある．このような状況下では，硝化反応に関わる微生物等も同時に殺菌されるため，硫安の硝化反応が阻害されてしまい，化学肥料の肥効が低下することがしばしば認められる．

$$3Ca^{2+} + 2PO_4^{3-} \rightleftarrows Ca_3(PO_4)_2$$
$$3Fe^{2+} + 2PO_4^{3-} \longrightarrow Fe_3(PO_4)_2$$
$$Al^{3+} + PO_4^{3-} \longrightarrow AlPO_4$$

図2.4　リン酸塩

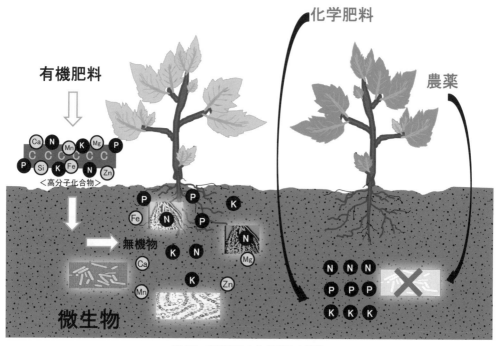

図2.5　有機農法と化学農法の概略

2.4　化学肥料と有機肥料

　牛や豚，そしてニワトリなど動物の排泄物は，現在でも発酵させて**堆肥**（manure）として使われている．人の排泄物が肥料として使われていた時代もあった．新鮮な人の排泄物は，約95 ％の水分と窒素 0.5 ～ 0.7 ％，リン酸 0.11 ～ 0.13 ％，およびカリウム 0.2 ～ 0.3 ％を含んでいるため，適切な処理を行えばバランスの取れた良質な有機肥料となる．

　下水道が出来る前，ヨーロッパでは人の排泄物は不潔なものとして取り扱われ，その汲み取りや運搬は人目につかないよう夜間に行われていた．今日でも人の排泄物がナイトソイル（night soil）と呼ばれている所以である．イギリスでは，ナイトソイルと生石灰（CaO）を混合して固体状にし，有機肥料として使用していた．ナイトソイルを乾燥させると，アンモニアが揮発し，窒素成分が低下する．したがって，ナイトソイルは主としてリン酸とカリウムを含む有機肥料であった．このように，イギリスでも人の排泄物は有機肥料として使われていたのである．しかし，1840 年代になると水洗トイレや下水道の導入によりナイトソイルは使われなくなった．

　一方，日本においては人の排泄物は古くから広く利用されていた．人の排泄物を意識的・積極的に有機肥料として利用するため，農地の近くに 1 m 程度の深さの穴を掘り，そこに人の排泄物を入れる．自然発生する微生物群による影響や表面が固化し強固な膜を形成することで，槽内が嫌気環境になり，人の排泄物は徐々に腐熟化（無機化）されていく．このような肥溜めシステムなる技術が，経験的に作られた．そこで製造された有機肥料は下肥とよばれ，貴重な有機肥料という商品として流通していたのである．肥溜めに貯蔵された人の排泄物は，イギリスのシステムと違い，窒素成分も豊富に含み，植物の栄養素をバランスよく含む有機肥料であった．このように日本では，肥料の原材料供給と有機肥料製造はすべて地域単位で行われており，**物質循環型社会**であったともいえる．

　大航海時代から幕末にかけて日本を訪れたフィリップ・フランツ・フォン・シーボルト（Philipp Franz Balthasar von Siebold, 1796 ～ 1866）やエドワード・S・モース（Edward Sylvester Morse, 1838 ～ 1925）などの欧米人は，日本を紹介した旅行記に必ず下肥のことを記していた．江戸時代の日本は，「持続可能な物質循環型社会である」として紹介したかったのかもしれない．

　古い文献をたどると，日本では人の排泄物の農業利用に関する研究が積極的に行われていた．十分に腐熟化すれば，病原菌や寄生虫の卵も死滅し，科学的には問題ないとする研究や，日本人と欧米人の排泄物に含まれる成分比較など，ユニークな研究成果が残されていることは興味深い．またドイツ人でジャーナリスト，農学者であるヘルマン・マロン（Friedrich Wilhelm Hermann Maron, 1820 ～ 1882）は日本を訪れ，日本の肥溜めシステムを「自然力の完結した循環が成り立っている．そして連鎖のどの環も脱け落ちることなく，次々と手を取り合っている」と称賛したという記録も残っている．

　しかしながら，欧米では人の排泄物を有機肥料として使用することは非衛生的であると考

表 2.1　大正以降の窒素肥料の移り変わり

	硫安	魚肥	大豆カス	その他植物油カス
大正　1〜5	86	98	701	166
6〜10	123	91	1154	151
11〜15	273	100	1379	178
昭和　2〜6	493	139	1190	165
7〜11	736	239	800	188
12〜17	1216	1859		
18〜22	2447	237		

（単位：千トン）

表 2.2　日本における化学肥料の原材料および輸入国

肥料成分	原材料	輸入国
窒素	石油	中東諸国等
リン	リン鉱石	中国，モロッコ等
カリウム	塩化カリウム，硫酸カリウム	カナダ，ロシア等

え，特にアメリカでは感情的に嫌われたため，第二次世界大戦以降，化学肥料の普及と共に下肥は急速に使われなくなった．1960 年代前半まで，日本の農村では当たり前の風景であった肥溜めも今では完全に姿を消した．このように第二次世界大戦以前は，ほとんどの農家において有機物肥料の施肥が行われていたのである．

　大正から戦後の日本における窒素肥料の製造量の移り変わりを表 2.1 に示す．このように，硫安などの化学肥料の製造量が，昭和 20 年前後を境に有機肥料の製造量と逆転している．戦前，大豆カスは農業において，非常に重要な窒素成分の供給源であったが，現在ではほとんど使われていないのが現状である（現在，大豆カスは家畜の飼料として使われている）．

　化学肥料の製造は，そのほとんどが化学会社により国内で行われている．しかしながら，化学肥料の原料のほぼすべては海外からの輸入に頼っている（表 2.2）．日本では，農産物の生産性を向上させるため，単位面積当たりの化学肥料使用量は，世界でも上位であり，アメリカの 2 倍近くとなっている．化学肥料のコストは，約 20,000 円 /10 アール（2019 年）であり，原材料の供給や化学肥料コストは，安定的な農業を行うにあたっての大きな課題である．

2.5　科学的有機農法の必要性

　最近，欧米を中心として有機農業への取り組みが広がりを見せており，アメリカ農産物市場においては有機農産物の需要の増大から，有機農産物を取り扱う店舗が急増している．これは環境負荷や農産物品質（ミネラル分などの含有する成分），さらには残留農薬の観点から，有機農産物の良さが再認識されてきているためである．このように化学肥料や農薬の使用を抑

える農法が模索され，有機農法への転換が積極的に進められている．

　日本においても，徐々にではあるが，有機農業や有機農産物に対する考え方が変わってきている．生活者は，欧米同様，環境意識や農産物品質，また残留農薬の視点から，安心・安全な農産物を求める傾向が強くなっていることは間違いない．農業現場においても，化学肥料や農薬の環境中や農産物への残留から，これらの使用削減の動きが始まっている．農業の作業環境においても，農薬の散布・取り扱いによる健康保護からも，農作業の安全性を重視する動きがある．また，化学肥料や農薬のコストが非常に高いこと，さらには化学農法と連作障害との関連も指摘されていることから，有機農法への志向が増え始めている．

　このように有機農法への回帰が叫ばれているが，克服しなければならない課題が多いのも事実である．具体的な有機農法の課題は，「経験や勘に頼り再現性が乏しい」，「生産性が低い」，「良質な有機資材の確保が難しい」などである．これらの課題を克服するためには，化学農法と同様に数値に基づいた有機物施肥や施肥基準の設定，また土壌微生物を中心とした物質循環系の正確な把握が不可欠である．特に有機農業の再現性を得るには，物質循環系の主な反応を担う土壌微生物の解析と把握が極めて重要になる．

2.6　土壌環境と微生物

　土壌に生息する微生物数の解析は，非常に難しい．特に環境微生物は，多種多様な微生物が存在するため，解析には困難を伴うのが現状である．

（1）平板法

　微生物の分離は，**平板法**（plating process）を用いることが一般的である．環境から採取してきた土壌サンプルを適当に希釈し，1〜2％の寒天が入った寒天平板培地（agar plate media）に塗布し，適当な温度の恒温槽内で培養する．1〜10日後，コロニーの形成を確認して，その数をカウントすることにより，生菌数を計測することができる．

　大腸菌や乳酸菌は，30〜37℃の温度条件下において，寒天プレート上で容易に生育しコロニーを形成する．しかしながら環境中に生息している微生物の99.9％以上は，寒天プレート上では生育できない．これは**VBNC**（viable but non-culturable）といわれるもので，顕微鏡下での存在は確認できるが，寒天プレート上では培養できない環境微生物のことを指す．

　環境中に生息する微生物には，**好気性微生物**，**通性嫌気性微生物**，そして**偏性嫌気性微生物**が存在する．また，**好熱性微生物**，**好アルカリ性微生物**，**耐塩性微生物**など多様な環境で生育できる微生物が混在している．寒天プレートで土壌微生物数を把握するためには，pHや塩分濃度等を調整した寒天プレートを作製し，低温から高温までの温度域を設定しなければならず，さらには増殖速度が非常に遅い微生物を検出・カウントするためには，培養時間も工夫しなければならない．このように通常の平板法では，環境微生物の数を正確にカウントすることは難しい．

（2）土壌呼吸法

　環境微生物を解析するため，いろいろな手法が開発されている．土壌中の多くの微生物は，有機物を分解して二酸化炭素を放出する．土壌中の植物根も呼吸をしており，二酸化炭素を放出している．これらは土壌呼吸作用と呼ばれている．土壌中に微生物の基質となるグルコースを入れると微生物の呼吸量が増大することから，土壌中の微生物バイオマス量を測定できる．また，土壌微生物をクロロホルムなどの有機溶媒で燻蒸殺菌したのち，微生物数が徐々に回復し呼吸量が増大していく現象が確認されている．これは土壌燻蒸後，残存していた微生物が徐々に増加していくためである．この原理を応用して，土壌微生物バイオマス量を測定する手法が確立された（土壌呼吸法）．しかしながらこの方法は，酸素がない状況でも生育可能な通性嫌気性微生物や偏性嫌気性微生物のバイオマス量を正確に定量できないため，呼吸活性を有する微生物の解析に限られる．

（3）DAPI 染色法

　顕微鏡による直接観察では，微生物の細胞を正確かつ詳細に解析できるため，さまざまな手法が開発されてきた．顕微鏡による解析では，物質の形態を直接解析するため，形状が似ている微生物とその他の物質を区別する必要がある．特に環境サンプルを解析する場合，多くの物質が混入しているため，形状だけで微生物を特定することが難しい場合が多い．

　環境中の全菌数を正確に定量するため，環境微生物のみを染色して観察・定量する手法が開発された．その一つが，DAPI(4', 6-diamidino-2-phenylindole, 図 2.6) 染色法である．DAPI は核酸と強く結合し，372 nm の励起光を照射すると 456 nm の蛍光を発することから，蛍光顕微鏡を用いて染色された細胞（**環境微生物**）をカウントできる．また，DAPI 同様の染色試薬としてアクリジンオレンジも用いられる．

（4）蛍光活性染色法

　微生物細胞は，DAPI やアクリジンオレンジを用いることにより格段に観察しやすくなる．しかしながら，DNA を含有している死菌にも反応するため，生菌数のみを測定したい場合，多く見積もる恐れがある．これを解決するため開発された手法が CTC (5-cyano-2, 3-di-tolyl-tetrazolium chloride) 法である．呼吸活性を有する微生物は，CTC が微生物体内に取り込まれると，電子伝達系の作用によって CTC ホルマザン（CTF）に還元される．CTF は赤

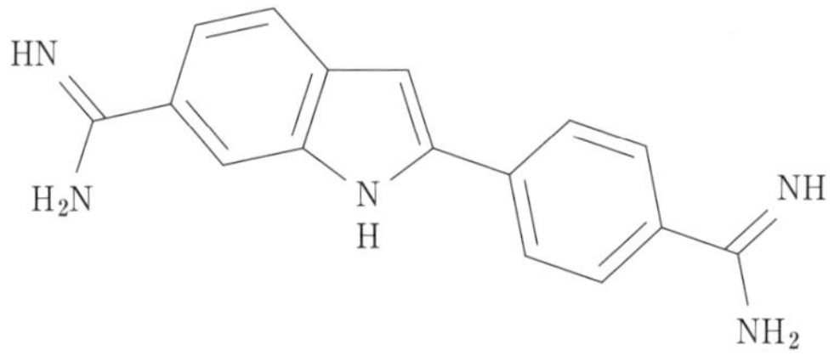

図 2.6　DAPI の構造

色の蛍光を発するため，赤色に蛍光した細胞が生菌であると判断される．このように，顕微鏡下で直接観察して，呼吸活性のある生菌の検出が可能となった．しかし，顕微鏡を用いた直接定量は，高い正確性を有する一方で，高価な装置と長い時間を要するため，頻繁に解析する必要がある状況には不向きである．

（5）環境 DNA（environmental DNA; eDNA）法

環境微生物の中で最も数が多いものは，細菌（バクテリア）である．土壌中において，培養できる細菌は $1 \times 10^{7\sim8}$ cells/g（土壌）存在し，培養できないものを含めると，生息している細菌は $1 \times 10^{9\sim10}$ cells/g（土壌）程度であるといわれている．またカビ（糸状菌）と藻類は，それぞれ $1 \times 10^{5\sim6}$ cells/g（土壌）と $1 \times 10^{3\sim4}$ cells/g（土壌）存在し，1細胞当たりのサイズが大きくなるにつれて数が減少していく．このように土壌中の環境微生物数を解析するためには，細菌数を正確に測定することが重要となる．土壌環境中の細菌数を正確に解析するため開発された，環境 DNA（eDNA）を用いた細菌の定量方法を説明する（slow stirring 法）．

細菌も生物であり，人や植物と同じように**デオキシリボ核酸（DNA）**を含有している．生物のゲノム解析は進歩しており，細胞当たりの DNA 量は正確に解析されている．土壌の質に関係なく，土壌中から細菌の DNA のみを正確に抽出できれば，その DNA 量と細菌数は正の相関関係があるため，土壌環境中の細菌数を推定することが可能となる．

eDNA（環境中に存在する生物からの DNA であり，いろいろな生物の混合物である．）量を正確に定量するためには，物理的損傷が少ない eDNA の抽出が不可欠である．土壌から eDNA を抽出する際，物理的および化学的な損傷を少なくするため，緩やかな撹拌や特殊な界面活性剤を用いることにより，極めて損傷が少ない状態で eDNA を抽出できる方法が開発された．

図 2.7 に農地土壌から抽出した eDNA のアガロース分析結果を示す．レーン1は分子量マーカー，レーン2〜4は異なる農地土壌から抽出された eDNA のアガロースゲル電気泳動パターンである．上部で白く光っているものが eDNA であり，白い光が強いものほど eDNA の量が多いことを示している．このように各農地土壌で DNA の量が違うことがわかる．農地 A（レーン2）と農地 B（レーン3）を比べると，農地 A の方が強く光っている．この結果は，農地 A の方が細菌数が多いということ示している．

一方，農地 C（レーン4）から抽出された eDNA は，バンドが薄く広範囲に広がっている．これは，eDNA が分解されていることを示しており，細菌が死んでいることを意味する．このような結果は，土壌燻蒸剤等を使った農地によく見られる．農薬などの化学物質により土壌中の細菌が容易に死んでしまうのである．普通，土壌中にはたくさんの微生物が生息しているが，農薬や化学肥料の連用・多用により，土壌細菌が大きく影響を受ける．このような状況を知るためにも，土壌の細菌数を正確に把握することが重要である．

具体的な土壌中の細菌数の解析は，細菌数と細菌の DNA 量は正の相関関係があることを応用する．多くの土壌サンプルから採取した細菌を DAPI 染色により染色後，正確に検鏡して

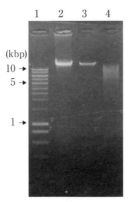

図 2.7　土壌から抽出した eDNA の解析
レーン 1：分子量マーカー，レーン 2：農地 A，レーン 3：農地 B，レーン 4：農地 C.

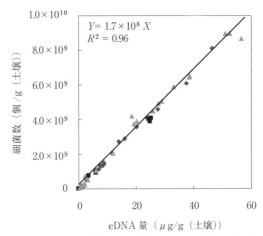

図 2.8　57 の土壌における DAPI 染色による細菌数と eDNA 量の検量線．口絵 I 参照．
■：農地における eDNA 量
◆：油汚染土における eDNA 量
▲：非農地における eDNA 量

細菌数を定量する．同じ土壌サンプルから eDNA を抽出し，DAPI 染色による細菌数と eDNA 量の検量線を作成する（図 2.8）．その後，解析したい土壌サンプルから eDNA を抽出し，この検量線を用いることで，抽出した eDNA 量から細菌数を容易に推定することができる．土壌からの DNA の抽出・定量は 2 時間半ほどで終了するため，短時間で土壌中の細菌数を正確に知ることができる．環境細菌の解析において，平板法では，10 日程度培養に時間がかかっていたことを考えると，大幅に時間が短縮できる手法である．また，培養できない細菌や死菌を区別することができるため，環境中の生菌数を短時間で解析できる．このように，slow stirring 法は，環境中に生息するすべての生細菌数を容易に解析することが可能な技術であり，農地環境の細菌数解析に適した手法である．

2.7 農業と微生物

　土壌環境中にはさまざまな微生物が生息しており（土壌の生物性），また土壌の場所により
その成分や pH（土壌の化学性），また透水性や水分保持率（土壌の物理性）等が異なるため，
全く同じ土壌は存在しない．試験管やフラスコ中で単一の微生物を植菌し，それを増やすこと
はそれほど難しくない．しかしながら土壌中で微生物を増やすこと，また高い次元で微生物数
を維持することは非常に難しい．これは，土壌が多様な環境要因や化学的および物理的要因を
持つ複雑系であるためである．

　土壌微生物を増やし維持させるためには，微生物にとって最適な土壌環境を整える必要が
ある．例えば，土の中の有機物は微生物の基質となるため，微生物の増殖や維持には最も重要
な因子となる．このように，土壌の生物性，化学性，そして物理性を整えることが極めて重要
である（図 1.9 参照）．

　農業現場において，同じ地域で同じ土質でも，農法により微生物の数は大きく異なる．有
機農業を行っている農地の微生物が多くなるのは，微生物の基質となる有機物を肥料として継
続的に投入しているためである．一方，化学農法では，土壌に無機物を投入するため，有機物
の量が徐々に減少していき，土壌微生物は減少傾向となる．

　図 2.9 に農地土壌の細菌数の分布を示す．この図は細菌数が低いところから高い順に「土壌
サンプル」を並べたものであり，細菌数は検出限界以下（N.D.; $< 6.6 \times 10^6$ cells/g（土壌））
から 10.0×10^9 cells/g（土壌）を超えるまで，広範囲に分布していた．また，農地土壌の細
菌数は，平均で 1 グラム当たり約 6.2 億個であった．細菌数が 6.2 億個/g（土壌）以上の土壌
では，物質循環活性も高いため，平均値以上の細菌数がある農地であれば，多くの微生物が生
息できる肥沃な農地であろう．一方，細菌数が約 2 億個/g（土壌）未満では，物質循環活性
が大幅に減少するため，これらの農地では何らかの原因で，細菌数が減少していると思われる
（低無機化活性）．例えば，農薬等の頻繁な使用により，化学物質が蓄積傾向になると，細菌数
が減少傾向になる．特に，極端に細菌数が減少している検出限界以下を示す農地では，何らか
の化学物質の蓄積が強く疑われる．

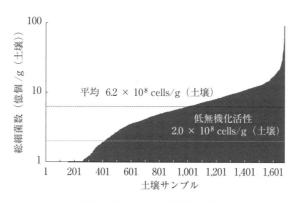

図 2.9 農地における細菌数の分布

第3章
SOFIX（土壌肥沃度指標）

3.1　SOFIX の開発の経緯

　20 世紀に入ると，革新的な科学技術が多方面にわたり出現した．エネルギー分野では，木材，鯨油，植物油などのバイオマス資源から，化石燃料である石油や石炭がエネルギーの中心となり，産業構造が大きく変わった．

　農業分野においても大きな変革があった．古くから肥料は，大豆カスや堆肥などの有機物を肥料として使っていたが，石油やリン鉱石などの地下資源を原料として化学的に肥料を製造する新技術が開発され，化学肥料や農薬を作る産業が出現した．また，農業スタイルは人手や動物に頼る農法から，農業機械を使う耕作に激変した．これら科学技術の進歩により，農産物の収穫量は飛躍的に増え，人類は物質的な豊かさを享受できるようになった．その反面，化学肥料の環境流出や残留農薬等の生態系に及ぼす影響により，環境負荷や人への影響が増大した．また農産物の安全性の問題等，近年，負の側面が顕著化してきたのは間違いない．

　筆者らは，微生物を使い環境中に残留する化学物質の除去を行い，環境浄化をする研究を行ってきた．

　従来，石油の使用増大に伴った世界中に広がる石油汚染土壌の浄化は，人手による除去や石油を用いて汚染土壌中の石油を燃焼させ浄化する，物理的処理が主流であった．燃焼による浄化後の土壌は，汚染していた石油の除去だけでなく，土壌に含有していたすべての有機物を燃焼して除去してしまうため，浄化後の土壌は植物の栄養になる物質がすべて失われる．その結果，浄化された土壌にもかかわらず，植生回復に 2 年近くも要する．このように汚染土壌を石油を用いて燃焼させ浄化する物理的手法の場合，環境に負荷がかかるだけでなく，通常の土壌環境に戻るには長い年月を必要とするのである．

　環境負荷が少ない形で石油で汚染された土壌を生物浄化するため，自然環境から石油を分解する特殊微生物を多数分離してきた（図 2.7 参照）．これらの微生物を用いて，石油汚染土壌を浄化する**バイオレメディエーション**（微生物を用いた環境浄化技術をバイオレメディエーションという）に取り組み，微生物の機能を用いた環境負荷の少ない石油汚染土壌の浄化が可能となった．

　強力に石油を分解する微生物を土壌に投与すると，石油分解微生物が増殖し石油を分解する．しかしながら，石油分解微生物を投与しても石油分解微生物が増殖せず，石油を分解できない土壌が多々認められた．換言すると，これらの土壌環境は微生物の生育にとって好ましくない土壌環境であることが示唆された．

　その後の研究から，石油分解菌を効率よく増殖させ，それらの石油分解能を機能させるためには，土壌の肥沃度を向上させることが必須であることがわかった．これが土壌肥沃度向上の研究・開発のきっかけとなり，その後，環境微生物とその動きを指標とし，土壌の生物状況を正確に把握する技術である「**土壌肥沃度指標**（soil fertility index；SOFIX）」へと展開した．

　石油汚染土壌の浄化のために開発された土壌微生物の活性化手法である SOFIX は，なぜ農業分野に展開されるようになったのか．それは，欧米を中心として，環境負荷の少ない農業，有機農法への移行がかなりのスピードで進んでいることが要因である．裏を返せば，欧米では有機農産物を求める消費者がかなり増えている．驚くべきことにアジア各国でも，有機農産物への志向は強く，ベトナムでは有機農産物が慣行農法での農産物より2倍高い値段で売られている．

　日本では，欧米諸国に比べると有機農産物への意識は低いが，有機農法や有機農産物の需要が高まっていることは間違いない．このような背景から，農業関係者より「農地の総細菌数を調べて欲しい」，「再現性のある有機農業とは」といった質問や問い合わせが増えてきたことが，SOFIX の農業分野への展開のきっかけとなった．

　バイオレメディエーションでは，投入する石油分解菌の挙動の解析や，それらの増殖や活動を活性化することで土壌の浄化に対応できたが，農業分野では，微生物を増やすだけでなく，植物に適切な肥料供給を考えていかなければならない．そこで，植物の成長に必須な「窒素」，「リン」，そして「カリウム」の循環と微生物の研究を始めたのである．これらは後述する「窒素循環活性」，「リン循環活性」，「全リン」，「水溶性リン」などの新しい生物指標になって展開することになった．最終的に，従来から土壌分析で行われている化学指標や物理指標と併せ，新たに開発した「生物指標」の計19項目を解析する土壌肥沃度解析技術，SOFIX が完成した．

　肥沃度が高い土壌とは，適度な比率で適量の養分を含む土壌環境である．ここでいう養分とは，化学肥料のことではなく，自然界に存在する有機物を意味する．このような環境下では，微生物が活性化し，物質循環が滞りなくスムーズに動く．つまり，微生物の動きが活発な土壌は，肥沃度が高いといえるのである．

　土壌の肥沃度を解析する研究は，古くから行われてきた．土壌肥沃度は，植物成長にも連動することから，主として植物成長の観点から解析されてきた．しかしながら土壌環境は複雑系であることから，すべての物質を把握することは極めて難しく，土壌肥沃度を定量する定まった技術は存在していないのが現状である．

　並行して，植物が要求する肥料成分の研究は進み，無機態の窒素，リン，およびカリウムを制御する化学農法が開発された．この農法は，世界で広く使われる農法として定着し，慣行

農法と呼ばれるようになった（図2.5参照）．この農法は，土壌中の無機態の窒素，リン，およびカリウムを分析し，植物ごとの適正値に合わせることで，再現性のある農業を行う技術のことである．しかしながら，有機農業を考えたとき，これらの三要素だけで土壌の肥沃度を表現するには無理がある．土壌微生物は，無機物だけではほとんど生育しないため，土壌に無機物だけを投与することでは，微生物を活発に生育できる肥沃な土壌を作ることはできないためである．

　土壌中の微生物が増え，それらの動きが活発になると，土壌の物質循環は連動して活性化する．その結果，最終的に植物への無機物（肥料）の供給が円滑になる．つまり，土壌肥沃度が定量化できれば，土壌の肥沃度の状況を判断し改善につなげることが可能となる．土壌肥沃度を定量化する手掛かりが，微生物の数やそれらの動きを解析することであった．

　微生物の数や動きを解析するため，農業分野だけでなく，世界中のいろいろな分野で研究が行われてきた．数種類の微生物挙動を解析することも容易ではないが，土壌中には，多種多様な微生物が存在する．好気性微生物，偏性嫌気性微生物，また通性嫌気性微生物を網羅的に解析することは困難を極めている．いろいろなチャレンジが試みられたが，土壌微生物を解析する標準となる技術は存在していないのが現状であった．このように，土壌という環境は非常に複雑で，そこに生息する微生物は多岐にわたり，それらの解析は非常に難しい．

　単一の微生物の培養は，栄養源となる炭素と窒素を正確に制御すると，比較的容易に増殖させることができる．土の中でも同様に炭素と窒素で微生物の動きや増殖が変わってくることが予想され，土の中の「炭素量」，「窒素量」，そして「微生物の動き」についての研究を行った．その結果，土の中で微生物が活発に動き働く最適な炭素量と窒素量，そしてそれらの比（C/N 比）が判明した（後に詳述）．その後，これらは「SOFIX」という技術で具現化された．土壌の肥沃度を的確に知り，そしてそれらの情報に基づき確実に土壌改善・改良を可能とする「新しい土壌改善技術」に発展したのである．

3.2　SOFIX 分析における各数値の意味

　SOFIX 分析は，土壌の生物性を中心として化学性および物理性を合わせて計19項目を測定する．分析項目の意味を以下に示す．

（1）総細菌（バクテリア）数

　有機肥料の無機化において，細菌の働きは不可欠である．したがって，SOFIX 分析において総細菌数の解析は，最も重要な分析項目の一つである．農地中には多くの微生物が生息しているが，その中では細菌の数が最も多い．通常の農地では $1.0 \times 10^8 \sim 1.0 \times 10^{10}$ cells/g（土壌）（1 ～ 100 億個 /g（土壌））程度の細菌が存在している．一方，土壌中のカビ（糸状菌）はバイオマス量としては多いが，細菌に比べその数は 1/1,000（1.0×10^6 cells/g（土壌））程度であり，少ない．

　土壌中の正確な総細菌数は，DAPI染色法（DAPI; 4',6-diamidino-2-phenylindole は染色に用いられる蛍光色素の一種で，DNAに対して強力に結合する物質であり，蛍光顕微鏡観察に広く利用される）により細菌を染色後，染色された細菌を蛍光顕微鏡で数えることにより求められる．この手法は土壌中に生息する総細菌数を正確に分析できるが，染色から顕微鏡による総細菌数の計測まで，一連の操作に長時間を要する．

　そこで，土壌中の総細菌数とDNA量は正の比例関係にあることから，この関係を利用して短時間で土壌中に生息する総細菌数を定量する技術を開発した．

　SOFIXの総細菌数分析では，まず土壌1グラムから細菌由来の**核酸（DNA と RNA）**を抽出する．核酸は，物理的な衝撃により容易に分解するため，土壌からのDNA量を正確に定量するには，物理的損傷の少ない核酸サンプルを調製することが重要である．そこで新たに開発された技術が，slow stirring 法である．

　この手法を用いれば，異なる土質の土壌からでも物理的損傷の少ない核酸を効率よく容易に抽出できる．抽出された核酸は，アガロースゲル電気泳動によりDNAとRNAを分離し，DNAのみを定量する（図2.7参照）．この一連の操作は，複数の土壌サンプルを同時に解析することが可能であり，一連の分析工程は2時間半程度で終了する．

　総細菌数の具体的な定量方法を説明する．まずは，多くの土壌サンプルから細菌DNAを定量し，同時にDAPI染色法による総細菌数の検量線を作成する（図2.8）．土壌からのDNA定量は，DAPI染色法による細菌定量と比べるとはるかに短時間で終了するため，土壌からの細菌定量は，図2.8に示す検量線を用い，土壌の細菌由来DNAから総細菌数を推定する．この手法は，カビ（糸状菌）や藻類，また植物根などのDNAは抽出されないため，正確な総細菌数が解析できる．また，生菌と死菌の区別がDNAの移動度から判別できるため，生菌のみを測定できる特徴を有している．

　農地中において，2.0×10^8 cells/g（土壌）（2億個/g（土壌））以上の総細菌数を示せば，物質循環は動き，総細菌数が増えていけばその動きや活性はより活発になる（3.3節（2）で詳述）．逆に，2.0×10^8 cells/g（土壌）を下回ると，物質循環が滞り，検出限界以下（N.D.; 6.6×10^6 cells/g（土壌）以下）になると，ほとんど循環系が機能しなくなる（2.7節，図2.9参照）．

　これまでの研究から，多くの農地では，およそ 6.5×10^8 cells/g（土壌）（6.5億個/g（土壌））以上の総細菌数を有する場合に，窒素循環やリン循環などの物質循環が活発になることから，この総細菌数が農地肥沃度の目安になることがわかっている．逆に，検出限界以下（N.D.）の総細菌数を示す農地では，有機物量の不足やアンバランス，また土壌燻蒸剤（殺菌剤）や農薬の長期使用が疑われる．

（2）炭素関連［全炭素（total carbon, TC）］

　土壌中の**全炭素（total carbon, TC）**は，主に堆肥，植物残渣，落葉等の有機物である．土壌中の全炭素量は，土壌表面部分に多く蓄積しており，深部にいくに従い少なくなる．化学農業を行っている農地・作土層の全炭素は，有機物の施用がほとんどないため徐々に減少してく

る．したがって，有機農業を実施している農地・作土層の全炭素は，化学農業を行っている農地・作土層よりも高い傾向となる．また森林や樹園地は，落葉・落枝の蓄積等が多いため全炭素は高くなる．このように土壌の全炭素を解析することにより，農地の有機度合いを知ることができる．

　SOFIX の TC データベースから，畑の全炭素平均値は約 32,000 mg/kg（土壌）であり，水田の平均値である約 15,000 mg/kg（土壌）よりも高いことがわかっている．これは海外でも同様の傾向であり，畑への有機物施肥量が水田より多いためであると考えられる．一方，樹園地の全炭素平均値は約 23,000 mg/kg（土壌）であり，80,000 mg/kg（土壌）を超える圃場も珍しくない．これは，果樹等の落葉落枝による全炭素の蓄積によるものと考えられる．なお，長期にわたる全炭素の蓄積は，土壌中の物質循環や果樹等の生育を阻害するため，適切に除去する必要がある．

（3）窒素関連［全窒素（total nitrogen, TN），硝酸態窒素，アンモニア態窒素］
　土壌中の窒素源は，微生物の生育基質になると共に，植物の生育に必須な多量要素を担う非常に重要な物質である．**全窒素（TN）**は，有機態と無機態の窒素（N）を合計した量である．有機態の窒素とは，油カスや大豆カス，また魚粉に多く含まれるタンパク質に由来するものが多い．無機態の窒素は，化学肥料の成分である硫酸アンモニウム（硫安）や尿素などがある．

　硝酸態窒素（NO_3^--N）とは，多くの植物に吸収される硝酸イオン（NO_3^-）中の窒素の量を示しており，同様に**アンモニア態窒素（NH_4^+-N）**は，アンモニウムイオン（NH_4^+）中の窒素量を示すものである．

　有機肥料を適切に施肥している農地では，1,000 ～ 2,000 mg/kg（土壌）の全窒素が含まれている．一方，化学農業では，窒素源として硫安等を使い，100 mg/kg（土壌）程度を施肥するが，有機肥料を投入しないことから，全窒素の値は低くなる．このように有機肥料を投入しない化学農法では，低い全窒素の値を示す圃場が多い．農地の全窒素や全炭素を分析することにより，どのような施肥が行われているか判断できる．

（4）リン関連［全リン（total phosphate, TP），可給態リン酸］
　土壌中のリン源は，植物の生育に必須な多量要素を担う非常に重要な物質である．**全リン（TP）**は，有機態と無機態のリン（P）を合計した量である．土壌中での有機態リンは，多くがフィチン酸の形で存在している．その由来は，有機物として施肥した堆肥や有機資材，また落葉落枝などである．一般的にフィチン酸は，穀類のヌカ，胚芽，および豆類などに多く含まれている．フィチン酸の構造式を図 3.1 に示す．

　一方，無機態のリンは，リン酸（H_3PO_4）であり，水を加えると PO_4^{3-} となり水によく溶ける．土壌中のリン酸は，化学肥料由来と有機物肥料由来のものがある．化学肥料のリン酸は，リン鉱石に硫酸を加えて作製する．したがって，化学肥料中のリン酸は，水によく溶け，直ち

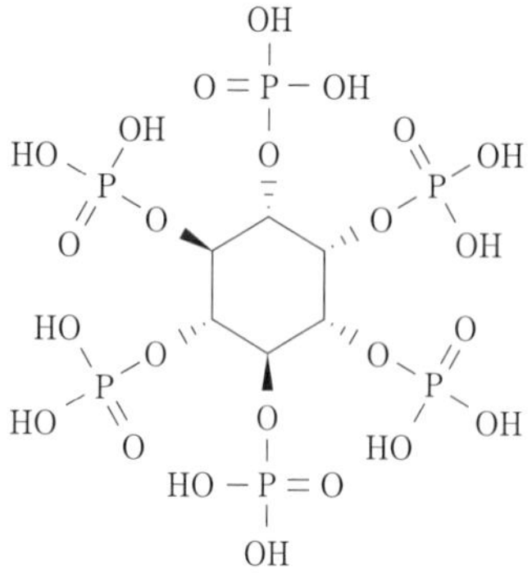

図 3.1　フィチン酸の構造式

表 3.1　食品中のフィチン酸含有量

食品	フィチン酸含量 [g/100 g（乾燥重量）]
トウモロコシ（胚芽）	6.39
ヌカ	2.56 ～ 8.7
ふすま（小麦由来）	2.1 ～ 7.3
亜麻仁	2.15 ～ 3.69
ゴマ	1.44 ～ 5.36
胚芽（小麦由来）	1.14 ～ 3.91
アーモンド	0.35 ～ 9.42
ピーナツ	0.17 ～ 4.47

に植物に吸収される．有機物であるフィチン酸からのリン酸は，土壌中のフィチン酸分解微生物が産生するフィターゼ（フィチン酸分解酵素）より分解されることで生成される．フィチン酸を多く含む食品を表 3.1 に示す．

　可給態リン酸とは，植物が利用できるリンの形態のことをいう．植物は水に溶けているリン酸を吸収して成長する．植物が成長していくと，根からシュウ酸などの**有機酸（根酸）**を分泌し，土壌の pH が変化することで，リン酸が遊離してくることがある．例えば，土壌中に存在するカルシウムは，土壌 pH が高いと容易にリン酸と結合し，リン酸カルシウムとなる．リン酸カルシウムは不溶性であり，植物は吸収できない．しかし植物が成長し根酸が出ると，土壌 pH が低下し土壌が弱酸性状況になる．この場合リン酸カルシウムは，リン酸とカルシウムイオンに解離する．このように，リン酸カルシウムは土壌 pH によりリン酸が解離することで，植物が吸収できるようになる．

　なお，リン酸の表記として P_2O_5 がある．これは無機態のリン酸を示すものである．これは，五酸化リン（$P_4O_{10}(P_2O_5)$）を由来としている．五酸化リンは，黄リンを十分な空気中で燃焼して得られるものである（$P_4 + 5O_2 \rightarrow P_4O_{10}$）．化学肥料成分が P_2O_5（五酸化リンの 1/2 のもの）と示されるのはこのためで，五酸化リンも P_2O_5 も化学肥料の成分表示として便宜上使われているものである．

（5）カリウム関連［全カリウム（total potassium, TK），交換性カリウム］
　土壌中のカリウムは，植物の生理的調整を担う必須な多量要素の一つである．カリウムは，光合成や炭水化物の蓄積に関連し，開花・結実に効果があり，また植物体において，根や茎を大きくする働きがあるため，根肥とも呼ばれている．

　植物体中の含有量において，カリウムは窒素と共に多く含まれている．窒素やリンが植物生育の初期に吸収されるのに対し，カリウムは生育後期まで吸収され続ける．カリウムが作物の水分利用および炭水化物合成に果たす役割は大きく，病害抵抗性を増加させる．またカリウムは，カルシウム（Ca）やマグネシウム（Mg）などの陽イオン吸収と競合する．したがって

土壌中のカリウムが過剰な状態や K/（Ca ＋ Mg）比の大きい場合，植物のカルシウムやマグネシウムの吸収が阻害され，カルシウムやマグネシウム欠乏を引き起こす．

　一方，カリウムが欠乏すると，成熟期が遅れ，また低温障害を受けやすくなる．カリウム欠乏の具体的症状は，植物の葉が暗緑色となり，ネクロシス斑点が出ることである．古い葉の中のカリウムは，生理作用の活発な葉に移行するため，カリウム欠乏症は古い葉から現れてくる．

　SOFIX シートの全カリウム（TK）は，土壌中に含まれているカリウムの総量である．有機態のカリウムは，土壌中にも生体中にもほとんど存在しない．また，生体内の細胞質や液胞中において，カリウムは不溶性の塩を作らず，水溶性の無機塩や有機酸の塩を形成し，イオンとして動いている．このようにカリウムは，窒素やリンと違い，細胞が破砕されることにより，容易にカリウムイオンとして抽出される．

　交換性カリウムは，土壌に吸着したカリウムのことを意味し，植物が吸収できる形態である．交換性カリウムと水溶性カリウムは，平衡関係にあるため，全カリウムと交換性カリウムの各量がわかれば，水溶性カリウム量を推定することができる．

（6）窒素循環関連

　有機農業において，土の中の窒素の流れは，経験や勘を頼りに判断している場合が多い．しかし，再現性のある有機農業を行うためには，土の中の窒素循環を正確に知り，そしてその循環を適切に改善・向上させ，さらにこの土壌環境を適切に管理・維持する必要がある．そこで，土壌中の窒素循環を知るためには，まず土壌中の物質循環に関与する総細菌数を知ることが重要である．総細菌数とアンモニア循環に関与する総細菌数はほぼ比例するためである．

　SOFIX の窒素循環活性は，微生物活性を考慮した新しい評価方法である．この手法では，硝化反応を担う「アンモニア酸化微生物」と「亜硝酸酸化微生物」の活性（それぞれアンモニア酸化活性と亜硝酸酸化活性）を解析し，さらに総細菌数を組み合わせて窒素循環を解析している．硝化活性値は，土壌中のタンパク質がペプチド，アミノ酸，アンモニア，亜硝酸を経て硝酸に変換される窒素循環活性とほぼ一致するため（図2.1参照），この数値を窒素循環活性として評価している．

　アンモニア酸化活性と亜硝酸酸化活性は，SOFIX 解析において独自に開発された項目である．微生物がアンモニアを酸化し亜硝酸へ変換する能力（アンモニア酸化活性），また微生物が亜硝酸を酸化して植物が吸収できる硝酸に変換する能力（亜硝酸酸化活性）を測定している．

　窒素循環活性の点数化は，総細菌数が 2.0×10^8 cells/g（土壌）以下で0点，そして 6.0×10^8 cells/g（土壌）またはそれ以上の菌数で100点をつける．アンモニア酸化活性および亜硝酸酸化活性も同様に0〜100点で評価し，レーダーチャートの面積から窒素循環活性を点数化する．大きな三角形は窒素循環活性が高いことを示し，レーダーチャートの三角形を見ると直感的に窒素循環活性の大小を認識できる（図3.2）．

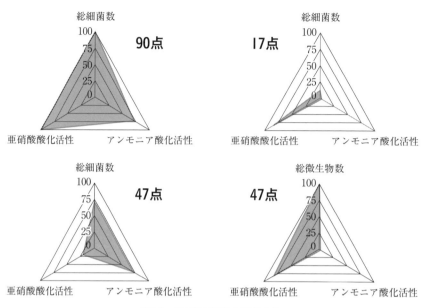

図 3.2　窒素循環活性の評価方法

　化学肥料の窒素成分である硫安を土壌に施肥すると，水に溶けてアンモニアが生成される．イネ科の植物は，アンモニアを肥料成分として直接取り入れることができるが，多くの植物は硝酸の形を要求する．したがって，硫安が植物の窒素肥料成分になるためには，硝化反応を経て硝酸にならなければならない．

　一方，有機肥料のタンパク質成分が硝酸になるためには，タンパク質からアンモニアになるプロセスが必須である（図 2.1 参照）．タンパク質は，微生物が産生するタンパク質分解酵素によりペプチドに分解され，さらにアミノ酸にまで低分子化される（アミノ酸は 20 種類）．得られた多くの種類のアミノ酸は，その後，微生物の酵素により無機物であるアンモニアに変換され，硝化反応に入っていく．これらすべての反応は，土の中の微生物，特に細菌が産生する酵素により行われている．

　肥料中の硫安も有機肥料中のタンパク質も，硝化反応を経なければ硝酸にならないが，化学肥料である硫安は，硝化反応だけで硝酸に変換されるのに対し，有機物であるタンパク質は，アンモニアに変換される過程を経て，その後，硝化反応に入るため，硝酸になるまで時間を要する．したがって，化学肥料は即効性なのに対し，有機肥料は遅効性である．

　本窒素循環活性評価法は，硝化の速度を定量的に調べることができるため，有機物からの窒素供給の重要な指標となる．また，このレーダーチャートの三角形の形から，どの項目の状況が悪いかも視覚的に判断できる．継続的な窒素循環活性の情報は，有機肥料や有機資材処方の明確な指針になる．

　一方，全国の畑の窒素循環活性を測定し，低いところから順に並べたところ，非常に幅広い分布が認められた．日本の畑の窒素循環活性の平均値は 32.8 点であり，このデータベース

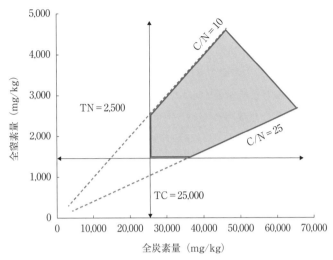

図 3.3 微生物が動く最適な炭素量（TC）と窒素量（TN）

を基に，分析した農地の相対的な窒素循環活性の位置を確認することができるようになった
（図 2.9）．

　窒素循環活性を向上させることは，有機物から植物へ無機態の窒素を供給する効率を上げることを意味し重要である．窒素循環は微生物が担っているため，微生物の数が多い方が活性化する．微生物，特に細菌において，全炭素と全窒素を適切に管理すれば徐々に数が増えていく．図 3.3 にそれらの適切な量と比を示している．C/N 比が 10 〜 25 くらいのとき，そして全炭素が 25,000 mg/kg（土壌），全窒素が 1,500 mg/kg（土壌）のとき，土の中の微生物が活性化する．

（7）リン循環関連

　リンは，生体を構成する非常に重要な元素の一つである．生物が生きるために必須な遺伝子の中には，リンが含まれている．また，生体のエネルギー物質である **ATP** には，多くのリンが含まれている．さらには，細胞を覆っている **細胞膜** にもリンが含まれており，リンは植物や動物そして微生物やウイルスに至るまで，すべての生物に必須な物質である．植物成長においては，土壌から効率のよいリンの供給が重要である．

　有機農業において，土の中のリンの流れは，窒素循環と共に非常に重要である．リン循環も窒素循環と同様に，経験や勘を頼りに判断している場合がほとんどである．

　これまでは，土壌中のリン循環を定量的に測定する方法が存在しなかった．そこで独自にリン循環を定量化する手法を考案した．土壌中の有機態リンは，約 80 ％がフィチン酸（図 1.5 参照）であるため，基質としてフィチン酸を土壌に投入する．水分量を整え，一定期間室温に置くと，土壌中に生息している微生物が産生するフィターゼにより，フィチン酸は分解されリン酸を生成する．

　　生成したリン酸は，土壌中のミネラル量と土壌 pH により大きく影響を受ける．リン循環により生成したリン酸は，土壌中のミネラル分であるカルシウム（Ca），鉄（Fe），そしてアルミニウム（Al）と化学結合して不溶性の塩を形成する．この場合，土壌 pH により化学結合の度合いが異なってくる．図3.4に示すように，鉄とアルミニウムは酸性域，カルシウムはアルカリ性域において，リン酸とよく結合する．アルミニウムや鉄がリン酸と結合したのち，pH を弱酸性に戻してもリン酸は生成されない（不可逆反応）ため特に気を付けなければならない．逆に土壌 pH が6.5付近ではこれらのミネラル（金属）とリン酸は結合しにくくなる．

　　新規に開発した**リン循環活性**は，有機物と微生物からリン酸が生成され，その後ミネラル（金属）成分や土壌 pH からリン酸とミネラル（金属）の化学吸着を考慮して，植物が吸収できるリン酸の生成量からリン循環活性を評価するものである（図3.5）．

　　土壌中に微生物が豊富に存在する土壌環境では，有機態リンをよく分解し，多量のリン酸

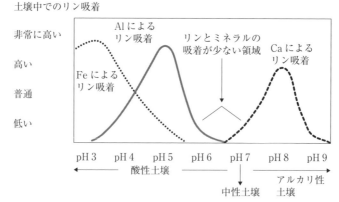

図3.4　pH の違いによるリンとミネラルの吸着

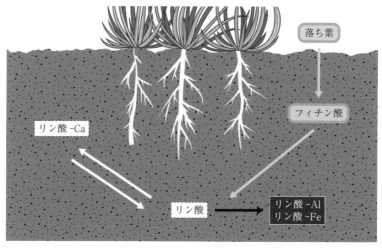

図3.5　土壌中でのリンの循環およびミネラル（金属）との吸着

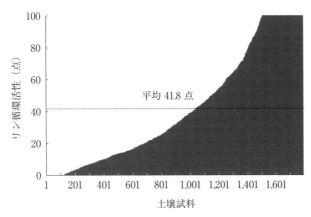

図 3.6　リン循環評価のデータベース

が生成する．しかし，土の中にミネラル分が多く存在し，土壌 pH がアルカリ性域または酸性域に偏ると，リン酸とミネラルが化学結合してしまう．その結果，リン循環活性の点数が低くなる．一方，ミネラル分が少ない土壌ではリン循環活性の点数が高くなる．

　微生物が多く，また土壌中に有機態リンが多く存在しているにもかかわらず，リン循環活性値が低い土壌の場合，土壌 pH がアルカリ性域か酸性域にシフトしていることや，ミネラル成分が過多になっていることが考えられる．逆に，リン循環活性が 100 点に近い場合は，ミネラル成分が不足していることが多い．土壌中に適度にミネラル分が存在し，微生物が豊富に存在する土壌では，リン循環活性点が 20 ～ 80 点の範囲になる．リン循環活性のデータからは，リン循環活性だけでなく，土壌中のミネラル量を予想することができる．

　図 3.6 に日本の農地のリン循環活性のデータベースを示す．リン循環活性の低い農地から順に示しており，平均点は 41.8 点であった．このデータベースから，分析値を比較することにより，相対的なリン循環活性位置を知ることができる．

（8）C/N 比

　C/N 比は，土壌中の全炭素を全窒素で割った数値であり，窒素量に対する炭素量の割合を示している．窒素は，タンパク質の成分であり，土壌中の微生物の生育にも不可欠である．微生物の中でも細菌は，その生育において有機態の窒素を要求するため，窒素源の供給が生育に直結する．土壌環境中への窒素の投入は，タンパク質成分を多く含んだ資材，例えば大豆カス，油カス，および魚粉などが効果的である．また，土壌環境中の炭素と窒素の比率である C/N 比により，微生物中の細菌とカビ（糸状菌）の生育割合が変わってくる．

　具体的には，C/N 比が 10 ～ 25 程度であれば，細菌が優勢になり，25 を超える土壌環境では，カビ（糸状菌）の割合が多くなってくる．つまり，C/N 比が 25 を超える炭素量が多い土壌環境では，カビ（糸状菌）の生育に適した環境になる．微生物による植物病原は *Fusarium* 属などのカビ（糸状菌）が多い．C/N 比が高くなるとこれらのカビ（糸状菌）の繁殖が旺盛

になるため，気を付けなければならない．

　植物成長において，栄養成長と生殖成長がある．栄養成長では，窒素が多くなると生育が
よくなり，生殖成長では逆になる．例えば，トマトの有機栽培の場合，C/N 比が 15 を下回る
と，生育は非常によいが（栄養成長）花（生殖成長）を付けにくくなるため，栄養成長と生殖
成長（果実）の両方を得たい場合，C/N 比は 20 〜 25 程度がよい．また，葉菜類のように栄
養成長を主体とした栽培の場合は，C/N 比を小さくしていく．このように，微生物の生育と
植物成長は，炭素と窒素の量と共に，その比率を考慮する必要がある．

（9）C/P 比

　C/P 比は，土壌中の全炭素を全リンで割った数値であり，リン量に対する炭素量の割合を
示している．C/P 比は，C/N 比ほど植物成長や微生物の動きに敏感に反応しないが，植物へ
のリン供給の指標になる．有機農業において，C/P 比が高い場合，有機物のリンの割合が少
ないことを意味し，リン循環活性の低下を引き起こす．土壌中のリン循環活性を適切に保つた
めには，まず C/P 比と全リン量を適切に管理することが重要である．

（10）pH

　土壌 pH は，植物の生育だけでなく，土壌微生物の生育，リンやミネラル成分の供給におい
て，重要な因子である．植物成長において，一般的には pH 6.5 前後の弱酸性で生育が良好で
あるが，茶樹やブルーベリーのような酸性土壌を好む植物がある．一方，アルカリ性を好む植
物種は少ない．微生物の生育においては，好アルカリ性微生物や好酸性微生物も存在するが，
多くの微生物は，pH 6.5 〜 7.5 の中性域で旺盛に生育する．

　化学肥料を連用することにより，土壌 pH が酸性側に偏ることがしばしば認められる．この
場合，炭酸カルシウム，消石灰，苦土石灰，貝殻，燻炭など，カルシウムを含む資材を施用す
ることで，酸性域に偏った土壌を中性域に戻すことができる．

　カルシウムを土壌に入れたときに土壌 pH が上がる原理を，炭酸カルシウムを用いて下記の
とおり説明する．炭酸カルシウム（$CaCO_3$）を加えた場合，次の 3 段階の反応により pH が上
がる（図 3.7）．

　①炭酸カルシウム（$CaCO_3$）が雨水や土壌水のような二酸化炭素（CO_2）を含んだ水（H_2O）に
溶解し，炭酸水素カルシウム（$Ca(HCO_3)_2$）を生成する．

　②生成した炭酸水素カルシウムは Ca^{2+}（カルシウムイオン）と HCO_3^-（重炭酸イオン）とに

$$第 1 段階　CaCO_3 + H_2O + CO_2 \rightleftarrows Ca(HCO_3)_2$$
$$第 2 段階　Ca(HCO_3)_2 \rightleftarrows Ca^{2+} + 2HCO_3^-$$
$$第 3 段階　H^+ + HCO_3^- \rightleftarrows H_2CO_3 \rightleftarrows H_2O + CO_2$$

図 3.7　土壌中でのカルシウムの挙動

解離する.

　③カルシウムイオンによって土壌粒子から土壌溶液中へ交換浸出されてきた H^+（水素イオン），あるいはもともと土壌溶液中に存在していた水素イオンが，重炭酸イオンと反応して溶存二酸化炭素を生成し，さらに水と二酸化炭素（気体）へと変化する．この反応から，酸性の原因である水素イオンが消費されるため，pH が上昇する．

　下記に土壌 pH をアルカリ性に移行させる資材としてよく用いられるものを示す.
* 炭酸カルシウム：$CaCO_3$
* 消石灰：$Ca(OH)_2$
* 生石灰：CaO
* 苦土石灰：$Ca \cdot Mg(CO_3)_2$（マグネシウム分（苦土分）をクエン酸可溶性マグネシウム（ク溶性）として 3.5 ％以上含有する石灰質肥料をいう．苦土消石灰，苦土炭酸石灰，苦土生石灰の 3 種類があるが，一般的に，苦土石灰というと苦土消石灰を指す．ドロマイト（$Ca \cdot Mg$ $(CO_3)_2$）またはドロマイト質石灰岩を原料として製造される．土壌の酸性調節，有機物の分解促進に効果があり，土壌改良材の一種である．マグネシウム欠乏地帯での施用効果は大きい.）

　一方，土壌 pH を酸性側に移行させる資材としては，化学肥料である硫安，塩安，塩化カリウム，硫化カリウムなどがある．これらの資材は，肥料成分（窒素成分）を含んでおり，使用には気を付けなければならない．より直接的に pH を下げたい場合は，イオウを使う場合があるが，敏感に反応するため使用は慎重にしなければならない．pH を酸性側に移行させる有機物は，pH を調整していないピートモスが有効である.

(II) EC

EC（electrical conductivity，単位は dS/m または mS/cm）は，土壌中の電気の流れを示す**電気伝導度**を意味するものである．EC は土壌中の**イオン濃度**の目安となり，数値が高いほど無機物が多いことを意味する.

　通常の土壌において，EC は硝酸態窒素との関連が強い．大まかな目安として EC が 1 dS/m であれば硝酸態窒素は 250 〜 350 mg/1 kg 程度に相当する．化学肥料を施肥する場合，特に窒素肥料を施肥する際の目安になる．通常の農地の EC 値は，0.2 〜 1.2 dS/m 程度である.

　ビニールハウスでの栽培は，雨でイオン成分の流亡が少なくなるため，露地栽培と比べると無機物が蓄積傾向になる（EC が高くなる）．EC 値が高くなりすぎると，植物根が水分を吸収しにくくなるなどの「**塩類濃度障害**（肥やけ）」を起こすことがあるため気を付けなければならない．一方，有機物は水に溶けにくいため，EC 値にはほとんど影響を及ぼさない．したがって，EC 値は，無機物である化学肥料成分や有機肥料中に含まれる無機物の量により増減する.

（12）含水率

含水率とは，土壌に含まれる水分の割合を示すものである．含水率には，重量基準と体積基準の含水率があるが，SOFIX で示している含水率は重量含水率を示し，単位は％である．通常，20％以上で植物や微生物生育に支障をきたさない．一方，含水率が15％以下になると，微生物の動きが著しく鈍る．

水分は細胞内の酵素反応等による生命維持のため，植物や微生物にとって不可欠である．土壌環境中の水分量は，含水率でおおよそ 20 ～ 30％が適切である．ただし，砂や粘土では最大保水容量（次項に示す）が異なるため，注意が必要である．

（13）最大保水容量

最大保水容量は，土壌の物理性を示す指標である．土壌が単位重量当たり最大どのくらいの水分を保持できるかを示し，単位は ml/kg で表される．通常，400 ml/kg 以上を示す土壌は，保水性に優れている．砂質土壌系の最大保水容量は低く，黒ボク土系は高い傾向にある．また同じ土質でも，有機物を施肥している農地の最大保水容量は高くなる．有機物が豊富で肥沃な土壌の最大保水容量は，1,000 ml/kg を超える．このように，最大保水容量は，有機物量により変化するため，農地の状況を把握する指標となる．

（14）その他

SOFIX の測定項目には記載されないが，下記の項目も重要な環境因子であり，意識する必要がある．

①酸素

微生物には，酸素がなくては生きていけない好気性微生物がいる．また酸素があってもなくても生きていくことができる通性嫌気性微生物，そして酸素があると生きていけない偏性嫌気性微生物が存在し，酸素の要求に従い大きく三つに分類される（表3.2）．

土壌の表層や農地では作土層（表面から30 cm 程度）の土壌環境は比較的酸素が多く，好気性微生物と通性嫌気性微生物が多く生息している．深度が深くなると徐々に酸素が少なくなり，通性嫌気性微生物と偏性嫌気性微生物の割合が増えてくる．深度が1 m を超えると，そこはほとんど酸素がない状態になるため，偏性嫌気性微生物が大多数を占めることになる．

物質循環に関連する多くの微生物は，酸化というプロセスを踏むため，酸素を要求するものが多く，酸素の多い表層土壌部分では物質循環に関連する多くの微生物が活発に動いている．換言すると，物質循環を活性化させるためには，酸素を要求する微生物を呼び寄せる必要があるため，耕耘等で土壌にできるだけ多くの酸素を供給することが好ましい．

②温度

微生物にとって，温度条件は重要な因子であり，温度状況により活性化したり休眠したりする．微生物は，氷点下から100℃を超える高温まで生育するものがあり，それらの生育温度

表 3.2　酸素要求による微生物の分類

種類	性質
好気性微生物	生育に酸素を必要とする．カビ（糸状菌），放線菌，バチルス属細菌などが該当する．
通性嫌気性微生物	酸素があってもなくても生育する．大腸菌や乳酸菌などが該当する．
偏性嫌気性微生物	酸素があると生育できない．胞子を作るクロストリジウム属が該当し，代表的なものに酪酸菌（酪酸を生産する細菌）がある．

表 3.3　微生物の増殖温度

種類	増殖可能温度域	最適温度域
低温微生物	-10 ～ 30℃付近	10 ～ 20℃
中温微生物	5 ～ 55℃付近	20 ～ 40℃
高温微生物	25 ～100℃付近	50 ～ 60℃

域は極めて広い．しかし，個々の微生物の増殖には，それぞれの生育に適した温度域があり，**高温微生物**，**中温微生物**，および**低温微生物**に分類されている（表 3.3）．土壌環境中の微生物にとっては，15℃付近が安定して生存できる環境である．

3.3　SOFIX データベースおよびパターン判定技術（畑，水田，および樹園地）

（1）全炭素と全窒素の関係解析

　SOFIX による土壌分析結果から土壌の状況を診断後，適切な有機資材を選択した上で，不足する有機物を計算し（処方箋），補充する処方を行う．効果的な処方を行うためには，物質循環が適切に機能する土壌中における有機物量の情報が必要となる．精度の高い処方箋作成のためには，蓄積している SOFIX データの解析とデータベース化，またその活用が重要である．

　SOFIX で解析した農地（畑，水田，および樹園地）の全炭素，全窒素，および C/N 比の関係を図 3.8 に示す．

　農地の全炭素は，数千 ～ 75,000 mg/kg を超える範囲で，また全窒素は，数百 ～ 5,000 mg/kg の範囲で分布していた．化学肥料を使っている農地では，有機物の投入が少ないため，全炭素，全窒素共に少ない傾向があるのに対し，有機物を主体とした農業をしている農地では，全炭素と全窒素は共に多い．しかしながら，いずれの農法においても C/N 比においては，大半の農地で C/N 比：10 ～ 25 の範囲に分布していた．

　全炭素，全窒素，さらには C/N 比と，総細菌数，窒素循環活性，およびリン循環活性の関係において，図 3.8 の灰色部分では，総細菌数が多く，窒素循環活性およびリン循環活性が高い傾向にあった．具体的には，全炭素 ≧ 25,000 mg/kg，全窒素 ≧ 1,500 mg/kg，C/N 比：10 ～ 25 の範囲において，土壌の生物性が高くなるため，効果的な有機農法を行うためには，こ

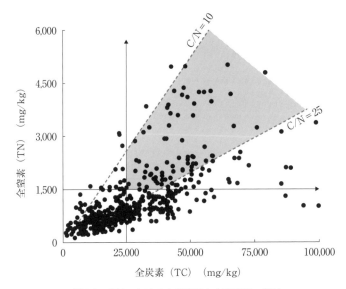

図 3.8　農地における全炭素量と全窒素量の関係

れらの数値範囲で有機物を投入することにより，農地の生物性向上につながると考えられる．

（2）畑土壌の総細菌数と全炭素のデータベース

　露地やビニールハウスなどの畑における農産物の栽培は，通常，一年間に数回行われる．農産物の収穫後は，作土層の耕耘が行われ，土壌中には空気が入り，好気的環境に戻る．また，畑への灌水は含水率で 30 ％程度であり，適度な水分と空気と直接接触している好気的な土壌環境が維持されるのが畑土壌の特徴である．

　このように畑の環境は，適度な水分と酸素が存在する土壌環境であるため，好気性微生物や通性嫌気性微生物が増えやすい土壌環境といえる．逆に偏性嫌気性微生物は少なくなる環境である．

　農地環境により生育しやすい微生物や有機物の蓄積が異なるため，農地の違いにより SOFIX データを蓄積・解析していくことが重要である．日本の畑における総細菌数と全炭素の分布を図 3.9 に示す．

　畑の総細菌数は，N.D.（検出限界以下；6.6×10^6 cells/g（土壌））～ 14.0×10^8 cells/g（土壌）以上まで幅広く分布しており，その平均値は約 8.0×10^8 cells/g（土壌）であった．全炭素も数千～ 50,000 mg/kg を超える範囲に分布しており，その平均値は約 32,000 mg/kg であった．このように総細菌数同様，全炭素量も幅広く分布していることが特徴である．

　このデータは，日本全国の畑のサンプルを分析したもので，土質が影響していることも考えられた．そこで，同じ地域で同じ土質の農地において，全炭素や総細菌数の比較を行ったところ，農家の違いにより異なった数値を示しており，農法の違いによる影響も大きいと考えられた．特に総細菌数が N.D. の農地では，土壌燻蒸剤などによる土壌消毒をしている農地がほ

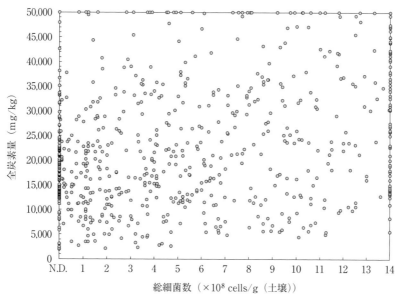

図 3.9 畑における総細菌数と全炭素量の分布

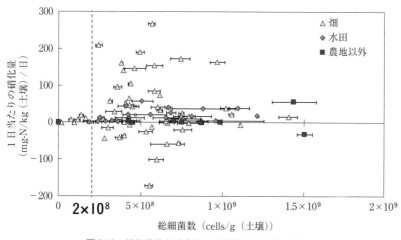

図 3.10 総細菌数と硝化量の関係解析．口絵 2 参照．

とんどであり，日本の畑において土壌燻蒸を行っている農地が少なくないことが示唆された．

図 3.10 に総細菌数と硝化活性の関係解析データを示す．この図より，土壌中の総細菌数が 2.0×10^8 cells/g（土壌）を下回る土壌では，硝化反応がほとんど進まないことが明らかとなった．換言すると，2.0×10^8 cells/g（土壌）を下回る土壌では，硝化反応，つまり窒素循環が起こりにくくなるため，この総細菌数以上の農地が好ましいことを意味している．

一定の細菌数ごと（例えば，1.0×10^8 cells/g（土壌）〜 2.0×10^8 cells/g（土壌）等，1.0×10^8 cells/g（土壌）ごとの範囲で区切った場合）の窒素循環活性とリン循環活性を調べたと

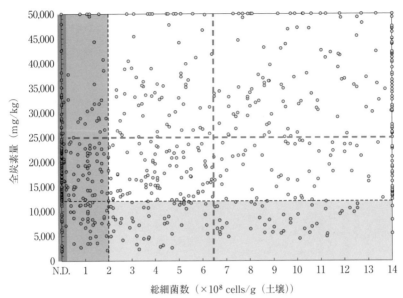

図 3.11　畑における総細菌数と全炭素量の区分

ころ，両活性は総細菌数が増えるにつれ顕著に高くなっていた．また，畑における総細菌数の平均値は，6.2×10^8 cells/g（土壌）であり，この総細菌数以上の畑では良好な物質循環を示す畑が多かったことから，畑における物質循環を活性化させるためには，6.2×10^8 cells/g（土壌）以上の総細菌数を有する土壌環境が望ましいと考えられた．

　全炭素においては，25,000 mg/kg を上回る土壌では，窒素循環活性やリン循環活性が高く，逆に 12,000 mg/kg を下回る土壌では，両循環活性共に低い傾向であった．これらの数値基準をプロットしたものが図 3.11 である．

　総細菌数が 2.0×10^8 cells/g（土壌）を下回る領域の畑は，窒素循環活性やリン循環活性など，土壌微生物を介した物質循環が滞る可能性が高い．特に，最も色が濃くなっている部分は，土壌燻蒸剤などで総細菌数が著しく減少している領域（総細菌数：N.D.）であり，有機物を投入してもほとんど効果が期待できない．

　一方，総細菌数が多くかつ全炭素が多い領域（白部分）は，効果的な有機物の投入をしている畑であると推測される．この領域に入るような有機物の施肥が効果的な有機農法につながるものと考えられる．

（3）畑土壌のパターン判定技術

　SOFIX 分析後，その分析結果から，土壌の状態を的確に知り，さらに診断することが鍵となる．そのために開発された手法が**パターン判定技術**である．この手法は，農地の 1 項目の数値で判断するのではなく，全体のバランスが取れているか否かを判断する**総合的判断手法**である．

　パターン判定は，SOFIX で分析する計 19 項目のうち，生物性やそれに関連する重要な 6 項

目のパターンから農地の状況を判断していく．選択する 6 項目は，生物性で最も重要な①総細菌数，土壌中の有機度合いを知る②全炭素，微生物の基質や植物の窒素源となる③全窒素，微生物の活性や植物の窒素供給の指標となる④窒素循環活性，微生物の活性や植物のリン供給の指標となる⑤リン循環活性，そして炭素と窒素の比率を示す⑥ C/N 比である．

　これらの 6 項目において，畑土壌にとってそれぞれの項目の必要最低限の濃度や数値を設定している．それらの設定濃度や数値について，リン循環活性評価値，および C/N 比は，「低」，「適」，および「高」の 3 段階に分類し，総細菌数，全炭素，全窒素濃度，および窒素循環活性はいずれも多い方がよいと判断される項目であるため，「低」と「適」の 2 段階に分類している．その後，各項目の SOFIX の数値を当てはめていき，パターン化する．パターン判定の基準を表 3.4 に，またこれらのパターン判定の良好な例と改善を要する例を表 3.5 と表 3.6 に示す．

表 3.4 畑におけるパターン判定基準

関連する項目	単位	低い	判定基準値（畑）	高い
◆総細菌数	（× 10^8 cells/g（土壌））	< 2.0	≧ 2.0	
◆全炭素（TC）	（mg/kg）	< 12,000	≧ 12,000	
◆全窒素（TN(N)）	（mg/kg）	< 1,000	≧ 1,000	
◆窒素循環活性評価値	（点）	< 25	≧ 25	
◆リン循環活性評価値	（点）	< 20	20 ～ 80	> 80
◆C/N 比	-	< 8	8 ～ 27	> 27

表 3.5 良好なパターン判定の例

項目	実測値	低	適	高
◆総細菌数（× 10^8 cells/g（土壌））	10.2			
◆全炭素（TC）（mg/kg）	47,140			
◆全窒素（TN(N)）（mg/kg）	2,700			
◆窒素循環活性評価値（点）	49			
◆リン循環活性評価値（点）	45			
◆C/N 比	17			

表 3.6 改善を要するパターン判定の例

項目	実測値	低	適	高
◆総細菌数（× 10^8 cells/g（土壌））	1.3			
◆全炭素（TC）（mg/kg）	25,200			
◆全窒素（TN(N)）（mg/kg）	1,300			
◆窒素循環活性評価値（点）	9			
◆リン循環活性評価値（点）	3			
◆C/N 比	19			

表 3.7 畑における各パターン判定の特徴

パターン	判　定	コメント
1〈特A〉	良好な有機土壌環境	非常にバランスのとれた有機環境土壌になっている．適切な管理により維持することが重要である．
2〈A1〉	基本的に良好な土壌環境であるが，有機物がやや蓄積傾向でバランスが悪い	全炭素量（TC）と全窒素量（TN）の比率が適切でない．C/N比を 10 ～ 25 の範囲に改善することが重要である．
3〈A2〉	基本的に良好な土壌環境であるが，リン循環が適正でない	下記のいずれかの原因が考えられる． ・総細菌数は十分だが，ミネラル量が多い． ・総細菌数は十分だが，ミネラル量が少ない． ・総細菌数は十分だが，全リン（TP）が少ない． ・総細菌数は十分だがリン循環を担っている細菌数が少ない． ・pH が適正でない．
4〈B1〉	全炭素量（TC）・全窒素量（TN）は十分だが，物質循環活性が不適正	下記のいずれかの原因が考えられる． ・微生物の働きが悪い環境にある． ・総細菌数は十分だが，全炭素量（TC）・全窒素量（TN）が少ない．またはそれらのバランスが悪い． ・総細菌数・全炭素量（TC）・全窒素量（TN）は十分だが，以下の原因が考えられる． 　・pH が低い． 　・水はけが悪い． 　・ミネラルの過不足等．
5〈B2〉	全炭素量（TC）は十分だが，全窒素量（TN）が不足傾向	農産物による窒素の消費，または雨水などによる流出が考えられる．
6〈B3〉	総細菌数は十分だが，有機物が不足傾向	化学肥料を用いる化学農法のため，有機物の施肥が少ないと考えられる．
7〈C1〉	総細菌数が少なく，循環系が悪い傾向	化学肥料を用いる化学農法のため，有機物の施肥が少ないと考えられる．化学肥料の多用や連作の可能性が考えられる．
8〈C2〉	有機物量は十分だが，総細菌数が少ない傾向	下記のいずれかの原因が考えられる． ・全炭素量（TC）と全窒素量（TN）のバランスが悪い． ・耕耘が十分に行われていない． ・土壌燻蒸材等の農薬が残留している可能性がある．
9〈D〉	総細菌数が検出限界以下（N.D. not detected）6.6×10^6 cells/g（土壌）以下である	総細菌数が N.D. であるため，精密診断が必要である．

　農地においてすべての畑が当てはまるように，これまでの SOFIX 分析のデータから，九つのパターンを設定した（表 3.7）．それぞれのパターンには特徴があり，主要な特徴を表 3.7 に示している．

　パターン 1 では，6 項目すべてにおいて，「適」の範囲に入っており，最もバランスの取れた農地であると判断される．逆に，総細菌数が N.D. のパターン 9 の土壌は土壌燻蒸等，何らかの原因で総細菌数が検出限界以下になっていると考えられ，土壌の生物性の観点からは低い評価としている．

　本章の章末付録に，畑のパターン 1 ～ 9 の分析結果の例を示す（付録図 1 ～ 9）．

（4）水田土壌の総細菌数と全炭素のデータベース

　稲の栽培中，水田は常に湛水しており，畑の土壌環境とは異なる．水田は湛水状態である

ことから，土壌中に空気が渡りにくく，畑と比べると嫌気的な環境になる．したがって，通性嫌気性微生物や偏性嫌気性微生物の増殖が多くなる．これは畑とは逆に，好気性微生物は減少傾向になる．また稲の栽培では，連作障害が起こりにくく，一般的に土壌燻蒸剤等による土壌消毒は行われておらず，農業手法が畑とは異なる．

　畑の場合と同様に，日本の水田における総細菌数と全炭素の分布を図 3.12 に示す．図 3.12 より水田土壌の全炭素は，10,000 mg/kg から 25,000 mg/kg の範囲に分布しており，畑土壌と比べると分布幅が狭く，その平均値は約 15,000 mg/kg であった．このデータは，畑土壌とは明らかに違う傾向であった．

　日本における水田の農地管理は，機械化が進んでおり，炭素源である稲わらのすき込み等，全国でほぼ同じ農法であるためこのような分布傾向になったと考えられた．この全炭素の分布は，水稲を行っている東南アジア諸国とは異なる傾向であった．

　一方，畑の総細菌数は，N.D.（検出限界以下；6.6×10^6 cells/g（土壌））から 24.0×10^8 cells/g（土壌）以上まで幅広く分布していた．水田土壌の総細菌数は，畑土壌の平均値と比べるとかなり高く，その平均値は約 12.0×10^8 cells/g（土壌）であった．また，N.D. を示す圃場は極めて少ないことも特徴の一つであった．このように，全国の水田土壌における全炭素量はほぼ同じ水準であるが，総細菌数は幅広く分布していた．

　水田環境は，毎年の湛水により土壌環境が水浄化され，微生物叢が毎年リセットされることで連作障害が起こりにくいといわれている．水田土壌において，総細菌数が多い主要因は，土壌燻蒸剤等による土壌殺菌が行われていないことであろう．しかしながら，同一地域で同じ土壌であるにもかかわらず，総細菌数に大きな違いが見られたことから，有機物の施肥や殺虫

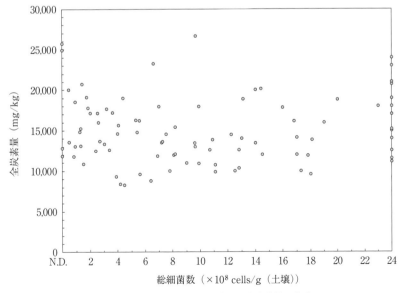

図 3.12 水田における総細菌数と全炭素量の分布

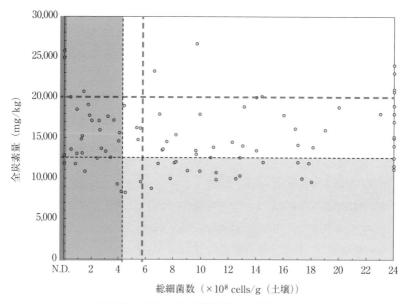

図 3.13　水田における総細菌数と全炭素量の分布

剤・除草剤等の農薬使用量が総細菌数に影響を与えていると思われた．

　水田土壌においても，畑土壌と同様に一定の細菌数ごとの窒素循環活性とリン循環活性を調べたところ，畑土壌と同様に両活性は総細菌数が増えるにつれ顕著に高くなっていた．また，総細菌数が 6.0×10^8 cells/g（土壌）以上の水田土壌では，良好な物質循環を示す圃場が多かったことから，水田における物質循環を活性化させるためには，6.0×10^8 cells/g（土壌）以上の総細菌数を有する土壌環境が望ましいと考えられた．

　全炭素において，20,000 mg/kg を上回る土壌では，窒素循環活性やリン循環活性が高く，逆に 13,000 mg/kg を下回る土壌では，両循環活性共に低い傾向であった．これらの数値基準をプロットしたものが図 3.13 である．

　畑同様，総細菌数が 2.0×10^8 cells/g（土壌）を下回る領域では，窒素循環活性やリン循環活性など，土壌微生物を介した物質循環が滞る可能性が高い水田であるが，水田土壌の場合，畑土壌と比べるとこの領域の圃場割合は少なかった（最も色が濃い部分）．

　一方，総細菌数が多くかつ全炭素が多い領域（白部分）は，畑同様，効果的な有機物の投入をしている水田であると推測される．この領域に入るような有機物の施肥が効果的な有機農業につながるものと考えられる．

（5）水田土壌のパターン判定技術

　水田のパターン判定も畑と同様，6 項目により行われる．これまでの水田土壌におけるSOFIX 分析のデータから，判定基準を設定した（表 3.8）．また，すべての水田土壌を網羅できるように，八つのパターンを設定した（表 3.9）．それぞれのパターンには特徴があり，主要

な特徴を表 3.9 に示している．また，本章の章末付録に水田のパターン 1 ～ 8 の分析結果の例を示す（付録図 10 ～ 17）．

表 3.8　水田におけるパターン判定基準

関連する項目	単位	低い	判定基準値（水田）	高い
◆総細菌数	（× 10^8 cells/g（土壌））	< 4.5	≧ 4.5	
◆全炭素（TC）	（mg/kg）	< 13,000	≧ 13,000	
◆全窒素（TN(N)）	（mg/kg）	< 650	650 ～ 1,500	> 1,500
◆窒素循環活性評価値	（点）	< 15	≧ 15	
◆リン循環活性評価値	（点）	< 20	20 ～ 60	> 60
◆C/N 比	－	< 15	15 ～ 30	> 30

表 3.9　水田における各パターン判定の特徴

パターン	判定	コメント
1〈特 A〉	良好な有機土壌環境	非常にバランスのとれた有機環境土壌になっている．適切な管理により維持することが重要である．
2〈A1〉	基本的に良好な土壌環境であるが，有機物がやや蓄積傾向でバランスが悪い	全炭素量（TC）と全窒素量（TN）の比率が適切でない．C/N 比を 15 ～ 30 の範囲に改善することが重要である．
3〈A2〉	基本的に良好な土壌環境であるが，リン循環が適正でない	下記のいずれかの原因が考えられる． ・総細菌数は十分だが，ミネラル量が多い． ・総細菌数は十分だが，ミネラル量が少ない． ・総細菌数は十分だが，全リン（TP）が少ない． ・総細菌数は十分だがリン循環を担っている細菌数が少ない． ・pH が適正でない．
4〈B1〉	全炭素量（TC）・全窒素量（TN）は十分だが，物質循環活性が不適正	下記のいずれかの原因が考えられる． ・微生物の働きが悪い環境にある． ・総細菌数は十分だが，全炭素量（TC）・全窒素量（TN）が少ない，またはそれらのバランスが悪い． ・総細菌数・全炭素量（TC）・全窒素量（TN）は十分だが，以下の原因が考えられる． 　・pH が低い． 　・水はけが悪い． 　・ミネラルの過不足等．
5〈B2〉	全窒素量（TN）が適切でない	全窒素量（TN）が低い場合，農産物の窒素消費が考えられる． 全窒素量（TN）が高い場合，窒素固定菌の増殖が考えられる．
6〈B3〉	総細菌数は十分だが，有機物が不足傾向	化学肥料を用いる化学農法のため，有機物の施肥が少ないと考えられる．
7〈C〉	有機物量は十分だが，総細菌数が少ない傾向	下記のいずれかの原因が考えられる． ・全炭素量（TC）と全窒素量（TN）のバランスが悪い． ・耕耘が十分に行われていない． ・土壌燻蒸材等の農薬が残留している可能性がある．
8〈D〉	総細菌数が検出限界以下（N.D. not detected） $6.6 × 10^6$ cells/g（土壌）以下である	総細菌数が N.D. であるため，精密診断が必要である．

（6）樹園地土壌の総細菌数と全炭素のデータベース

　リンゴ，ブドウ，茶樹などの樹園地は，畑の土壌環境に似ているが，栽培期間が長い樹木を栽培するため，畑のような耕耘をすることはできない．また，樹木からの落葉落枝があるため，樹園地でも同様のデータベースが必要である．

　日本の樹園地における総細菌数と全炭素の分布を解析した（図3.14）．樹園地の総細菌数

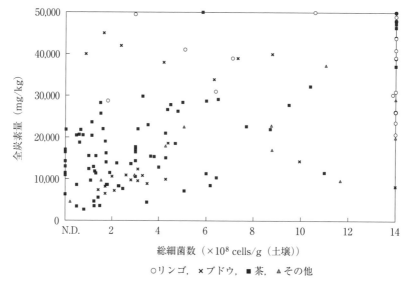

図3.14　樹園地における総細菌数と全炭素量の分布

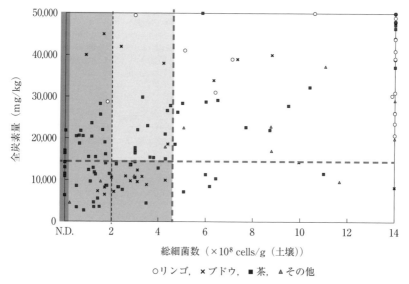

図3.15　樹園地における総細菌数と全炭素量の分布

は，N.D.（検出限界以下；6.6×10^6 cells/g（土壌））〜14.0×10^8 cells/g（土壌）以上まで幅広く分布しており，その平均値は約7.0×10^8 cells/g（土壌）であった．全炭素も数千〜50,000 mg/kg を超える範囲に分布しており，その平均値は約23,000 mg/kg であった．このように総細菌数同様，全炭素量も幅広く分布しており，畑土壌に近いことが特徴であった．

　樹園地土壌においても，同様に一定の細菌数ごとの窒素循環活性とリン循環活性を調べたところ，畑や水田と同様に両活性は総細菌数が増えるにつれ顕著に高くなっていた．また，総細菌数が，4.5×10^8 cells/g（土壌）以上の樹園地土壌では良好な物質循環を示す圃場が多かったことから，樹園地における物質循環を活性化させるためには，4.5×10^8 cells/g（土壌）以上の総細菌数を有する土壌環境が望ましいと考えられた．一方，総細菌数が2.0×10^8 cells/g（土壌）を下回る領域では，窒素循環活性やリン循環活性など，土壌微生物を介した物質循環が滞る可能性が高い樹園地である．これらの数値基準をプロットしたものが図 3.15 である．なお，樹園地土壌の場合，畑土壌と比べると2.0×10^8cells/g（土壌）を下回る領域の圃場割合は少なかった（最も色が濃い部分）．

　樹園地において，全炭素が15,000〜80,000 mg/kg を示す土壌では，窒素循環活性やリン循環活性が高く，逆に15,000 mg/kg を下回る土壌や80,000 mg/kg を超える土壌では，両循環活性共に低い傾向であった．樹園地の場合，落葉落枝による土壌の全炭素量が80,000 mg/kg を超える圃場では，物質循環活性が滞っていた．この結果から，樹園地においては，適度な落葉落枝の除去が必要である．

　総細菌数が多くかつ全炭素が多い領域（白部分）は，畑同様，効果的な有機物の投入や除去がなされている樹園地であると推測される．この領域に入るような有機物の施肥や落葉落枝の除去が，樹園地における効果的な有機農業につながるものと考えられる．

（7）樹園地土壌のパターン判定技術

　樹園地のパターン判定も畑や水田と同様，6 項目により行われる．これまでの樹園地土壌におけるSOFIX 分析のデータから，判定基準を設定した（表 3.10）．樹園地のパターン判定は，全炭素が15,000〜80,000 mg/kg の範囲を設定しているところが，畑や水田と異なる．また，すべての樹園地土壌を網羅できるように，八つのパターンを設定した（表 3.11）．それぞれの

表 3.10　樹園地におけるパターン判定基準

関連する項目	単位	低い	判定基準値（樹園地）	高い
◆総細菌数	（$\times 10^8$ cells/g（土壌））	< 4.5	≧ 4.5	
◆全炭素（TC）	（mg/kg）	< 15,000	15,000〜80,000	> 80,000
◆全窒素（TN(N)）	（mg/kg）	< 1,000	≧ 1,000	
◆窒素循環活性評価値	（点）	< 25	≧ 25	
◆リン循環活性評価値	（点）	< 30	30〜80	> 80
◆C/N 比	−	< 10	10〜27	> 27

表 3.11　樹園地における各パターン判定の特徴

パターン	判　定	コメント
1〈特 A〉	良好な有機土壌環境	非常にバランスのとれた有機環境土壌になっている．適切な管理により維持することが重要である．
2〈A1〉	基本的に良好な有機土壌環境であるが，有機物がやや蓄積傾向でバランスが悪い	全炭素量（TC）と全窒素量（TN）の比率が適切でない．C/N 比を 10 ～ 27 の範囲に改善することが重要である．
3〈A2〉	基本的に良好な有機土壌環境であるが，リン循環が適正でない	下記のいずれかの原因が考えられる． ・総細菌数は十分だが，ミネラル量が多い． ・総細菌数は十分だが，ミネラル量が少ない． ・総細菌数は十分だが，全リン（TP）が少ない． ・総細菌数は十分だがリン循環を担っている細菌数が少ない． ・pH が適正でない．
4〈B1〉	全炭素量（TC）・全窒素量（TN）は十分だが，物質循環活性が不適正	下記のいずれかの原因が考えられる． ・微生物の働きが悪い環境にある． ・総細菌数は十分だが，全炭素量（TC）・全窒素量（TN）が少ない，またはそれらのバランスが悪い． ・総細菌数・全炭素量（TC）・全窒素量（TN）は十分だが，以下の原因が考えられる． 　・pH が低い． 　・水はけが悪い． 　・ミネラルの過不足等．
5〈B2〉	全窒素量（TN）が不足傾向	農産物による窒素の消費，または雨水などによる流出が考えられる．
6〈B3〉	総細菌数は十分だが，全炭素量（TC）が適切でない	全炭素量（TC）が低い場合，化学肥料・農薬を用いる化学農法によるもの，または新規農地等が考えられる．全炭素量（TC）が高い場合，落葉により，有機物が蓄積されていると考えられる．
7〈C〉	有機物量は十分だが，総細菌数が少ない傾向	下記のいずれかの原因が考えられる． ・全炭素量（TC）と全窒素量（TN）のバランスが悪い． ・耕耘が十分に行われていない． ・土壌燻蒸材等の農薬が残留している可能性がある．
8〈D〉	総細菌数が検出限界以下（N.D. not detected）6.6×10^6 cells/g（土壌）以下である	総細菌数が N.D. であるため，精密診断が必要である．

パターンには特徴があり，主要な特徴を表 3.11 に示している．また，本章の章末付録に樹園地のパターン 1 ～ 8 の分析結果の例を示す（付録図 18 ～ 25）．

3.4　SOFIX による農地評価

　畑，水田，および樹園地のパターン判定は，それぞれ 9 パターン，8 パターン，および 8 パターンにより評価している．図 3.16 に，畑のパターン判定に基づく**土壌評価**を示す．畑の評価は，それぞれの 9 パターンと特 A，A1，A2，B1，B2，B3，C1，C2，および D 評価を結び付けている．A1 と A2 の評価の違いは，どちらも A 評価ではあるが，より特 A に改善しやすい方を A1 としている．なお，これは B と C も同様である．

　同様に，水田と樹園地のパターン判定に基づく土壌評価を図 3.17 に示す．水田と樹園地は，

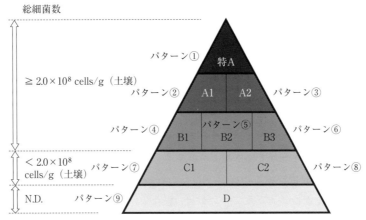

図 3.16　パターン判定に基づく畑の評価

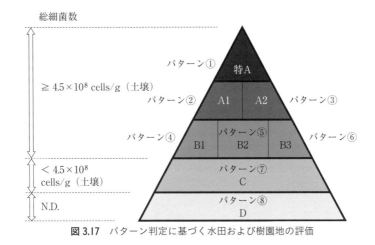

図 3.17　パターン判定に基づく水田および樹園地の評価

SOFIX 分析において，畑の評価で示している C1 と C2 の評価が明確にできなかったため，C 評価は一つで示している．

　これらの土壌評価は，適切な有機肥料や有機資材を投入することにより改善することが可能であり，パターン 1 の特 A 評価に近づけるための有機物処方が重要である．また，特 A 土壌は，この土壌環境を維持していくことが効率の良い有機農業につながる．

　一方，いずれの農地区分においても D 評価であった土壌は，総細菌数が N.D. を示すものであり，適切な有機物の処方をしても総細菌数が改善されない場合が多々認められる．この場合，総細菌数低下の原因を特定して土壌改善する必要がある．

3.5　堆肥（発酵・有機資材）品質指標（manure quality index; MQI）

　堆肥は，有機物を発酵させた有機肥料（**発酵・有機肥料**）である．**発酵**とは，微生物の機

能を制御して，人の役に立つ物質に変えていくことの総称である．身近な例では，酒，味噌，醤油，またヨーグルトや納豆などであり，発酵食品と呼ばれる．これらは酵母や乳酸菌，カビ（糸状菌）を使って製造される．医薬品である抗生物質や酵素も，放線菌，カビ（糸状菌），細菌の**二次代謝産物**または**一次代謝産物**であり，発酵産物として扱われる．

　発酵食品や抗生物質は，単一の微生物を巧みに制御して微生物の機能を引き出しているが，堆肥の製造には多くの微生物が関与している．しかし，多くの微生物の動きは，切り返しや水分補充などの作業により，大まかに制御されているため，堆肥は発酵産物に分類されるもので発酵・有機肥料に位置付けられている．

　一方，**腐敗**とは発酵同様に微生物が関与しているが，人的な制御ができない状況のことをいう．一般的に，硫化水素やメルカプタンなどの嫌な匂いを放ち，偏性嫌気性微生物などの雑多な微生物が存在している．

　発酵・有機肥料といえば，堆肥が基本となる．有機農業，物質循環型農業，また環境保全型農業において，堆肥を使いこなすことは極めて重要である．日本において，化学肥料が使われる前まで，発酵・有機肥料として「下肥（主に人の糞尿を発酵させたもの）」や「堆肥」が使われていた．発酵させていない有機肥料としては，「大豆カス」，「魚肥」，「油カス」などが長く使われてきた．動物の排泄物である糞尿などを発酵させて製造した堆肥（発酵・有機肥料）に対し，大豆カスや油カス，そして魚粉や米糠等は未発酵の有機肥料であり，**未発酵・有機肥料**といい，区別している．

　堆肥は，有機物が微生物群で分解されたものをいう．通常，堆肥は有機物を2〜3m積み上げて製造する．適度に湿度を保つことにより，環境に存在する多くの微生物が動き出す．その結果，微生物が出す**発酵熱**により温度が上昇していく．この温度は，100℃近くになることもある．その後，切り返しという工程を行う．この切り返し工程は，均一な堆肥を作るために撹拌し空気を入れる作業のことである．通常この作業を1〜3か月繰り返すことで，安定した堆肥が作られる．

　堆肥は，微生物により完全には分解されていないため，まだ多くの有機物が残っている．つまり堆肥は，有機物と無機物の混合物であり，また多くの微生物を含んでいる有機肥料であ

表 3.12　堆肥（発酵・有機資材）の分類と特徴

分類	種類	特徴
動物系堆肥	鶏糞堆肥	窒素が多い
	牛糞堆肥	N，P，K のバランスが良い
	豚糞堆肥	N，P，K のバランスが良い
	馬糞堆肥	分解しやすい良質なものが含有されている
植物系堆肥	バーク堆肥	ミネラルが多い
その他堆肥	食品残渣堆肥 ブレンド堆肥	使われている有機物により内容物が異なる

る．堆肥は，「動物系堆肥」，「植物系堆肥」，そして「その他堆肥」に分類される．表3.12に堆肥の分類とそれらの特徴を示す．

　動物系堆肥は，養鶏場や牛舎などの畜産業から出てくる有機物を発酵させたものである．植物系堆肥は，剪定枝などの樹皮を多く含む有機物を発酵させたものであり，動物系堆肥と共に広く使われている．その他堆肥は，食品残渣を発酵させたものや各種堆肥をブレンドしたものをいう．これら堆肥の原料は，焼却処分や環境中へ廃棄される余剰バイオマスを利用したものであり，資源循環の立場や貴重なバイオマス資源の積極的な利用の観点から，農業資材として大いに活用すべきである．

　農業現場において，**完熟堆肥**という言い方があるが，どのような堆肥が完熟状態なのか明確な指標がない．そこで開発されたのがMQIである．**堆肥品質指標**（manure quality index; MQI）は，SOFIXの考え方に基づき開発された，堆肥の品質を評価する指標である．その分析項目を図3.18に示す．堆肥のMQIを調べることで，堆肥の発酵状態や含有組成を把握することが可能である．

　堆肥の製造は前述のように水分調整を行い，牛糞と稲わらや木質チップなどの敷料を混合し積み上げていく．牛糞に含まれる微生物や自然発生的に生じる微生物が有機物を分解し炭素が二酸化炭素として放出され，炭素量が徐々に少なくなっていく．また微生物群の生育により生じる発酵熱により，温度が上昇し水分が水蒸気として放出され，含水率が低下する．堆肥製造は好気的発酵を主とするため，脱窒による窒素成分の減少はほとんど認められない．

　堆肥製造に伴う発酵は，基質の減少により徐々に終息に向かい，温度が低下してくる．発酵開始時のC/N比が40前後からスタートしたものが，炭素が系外に出ることにより20以下程度まで減少する．また，水分量が35%以下になると，微生物の動きが徐々に遅くなり停止する．この状態が完熟である．一方，十分に発酵が行われていない堆肥は，堆肥成分中の全炭素が低く（概ね200,000 mg/kg以下），含水率が高いものである．

　鶏糞堆肥を除く動物性堆肥の場合，全炭素量は200,000 mg/kg以上，C/N比は20以下，含水率は35%以下になる．これらの数値が完熟状態を知る一つの目安となる．図3.19に良好な牛糞堆肥の例を示す．

　農地の状況は，栽培する作物により変化する．窒素分を多く要求する植物もあれば，あまり必要としない植物もある．例えば稲の場合，窒素を入れすぎると稲穂が長くなり倒伏しやすくなる．またタンパク質含有量が増えることにより食味も悪くなるため，水田には鶏糞堆肥

・**化学性**
1. 硝酸態窒素
2. アンモニア態窒素
3. 水溶性カリウム
4. 水溶性リン酸

・**物理性**
5. 含水率

・**生物性**
6. バクテリア数
7. 全炭素量（TC）
8. 全窒素量（TN）
9. 全リン量（TP）
10. 全カリウム量（TK）
11. C/N比
12. C/P比

図3.18 堆肥品質指標（MQI）の分析項目

MQI分析に基づくパターン判定

試料名：牛ふん堆肥

パターン判定および評価

区分：牛ふん堆肥　〈パターン1〉　評価　〈特A〉

実測値

測定項目	実測値	低	適	高
◆全炭素 (TC)(mg/kg)	342,450		≧200,000	
◆総細菌数 (億個/g-土壌)	132.4		≧10	
◆全窒素 (TN(N)) (mg/kg)	19,968		≧12,000	
◆全リン (TP(P)) (mg/kg)	11,232		≧6,000	
◆全カリウム (TK(K)) (mg/kg)	26,289		≧15,000	
◆C/N比	17		<20	
◆含水率 (%)	2		<35	

コメント

全炭素と肥料成分が十分でバランスが良好な堆肥

一般的な堆肥の傾向

牛ふん堆肥
炭素成分と窒素成分のバランスが取れており、鶏ふん堆肥と比べミネラル成分が比較的少ない。窒素成分を供給する目的がある場合、鶏ふん堆肥や大豆粕等の窒素成分を多く含む資材と混ぜ合わせて使用する事が望ましい。

表1. パターン判定基準値

測定項目	動物性堆肥（鶏ふんを除く）	鶏ふん堆肥	植物性堆肥（バーク堆肥等）	その他堆肥（残渣、ボカシ等）
		推奨値		
◆全炭素(TC)(mg/kg)	≧200,000	≧200,000	≧200,000	≧200,000
◆総細菌数(億個/g-土壌)	≧10	≧10	≧10	≧10
◆全窒素(TN(N))(mg/kg)	≧12,000	≧30,000	≧5,000	≧12,000
◆全リン(TP(P))(mg/kg)	≧6,000	≧13,000	≧2,000	≧6,000
◆全カリウム(TK(K))(mg/kg)	≧15,000	≧20,000	≧4,000	≧15,000
◆C/N比	<20	<15	<30	<20
◆含水率(%)	<35	<35	<35	<35

(2017年4月より新基準を採用)

MQI（堆肥品質指標）

試料名：牛ふん堆肥

実測値および評価

物質循環に関する成分の実測値

測定項目	推奨値	実測値	評価
◆C/N比	≦20	17	○
◆全炭素 (TC) (mg/kg)	≧200,000	342,450	○
◆全窒素 (TN(N)) (mg/kg)	≧12,000	19,968	○
◆全リン (TP(P)) (mg/kg)	≧6,000	11,232	○
◆全カリウム (TK(K)) (mg/kg)	≧15,000	26,289	○
◆総細菌数 (億個/g-土壌)	≧10.0	132.4	○

植物生長に関する成分の実測値

測定項目	推奨値	実測値	評価
◆硝酸態窒素 (mg/kg)	≦100	137	↑
◆アンモニア態窒素 (mg/kg)	≦200	809	○
・水溶性リン酸 (P$_2$O$_5$換算)(mg/kg)	≦500	5,060	○
・水溶性リン (P換算)(mg/kg)		2,200	
◆水溶性カリウム (K$_2$O換算)(mg/kg)	≧5,000	18,840	○
・水溶性カリウム (K換算)(mg/kg)		22,608	
◆含水率(%)	≦35	1.9	○

堆肥の総細菌数データベースと分析サンプルの相対位置

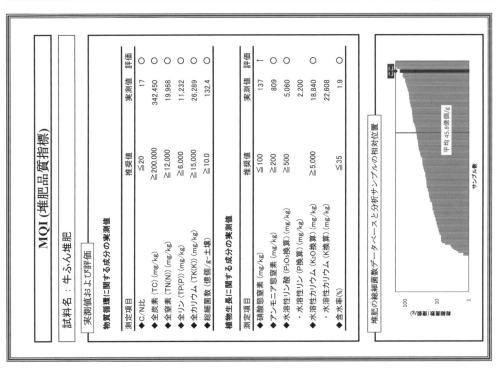

平均45.8億個/g

図 3.19　良好な牛糞堆肥の MQI 分析結果

等，窒素含有成分が多い有機肥料は避けた方がよい．逆に葉菜類は窒素分を要求するため，鶏糞堆肥が適している．このように，栽培する作物や土の状態を正確に知り，栽培する作物に合わせて堆肥を使い分けることが重要である（表3.12参照）．

3.6　未発酵・有機資材品質指標（organic material quality index; OQI)

　未発酵・有機肥料として，「大豆カス」，「魚肥」，「油カス」などが長く使われてきた．しかしながら，これらは，化学肥料の登場と共に徐々に使われなくなった．例えば戦前，広く使われていた大豆カスであるが，昨今では，多くの農家から「使ったことがない」，「どのように使うのか」という言葉をしばしば耳にする．

　未発酵・有機肥料は，表3.13に示すようなものがある．基本的には，農産物残渣や食品加工残渣であり，豊富な肥料成分が含まれている．しかしながら，堆肥と比べると，窒素，リン，カリウムのバランスの取れたものが少ない．具体的には，窒素が多いものやリンが多いもの，カルシウムが多いもの等，特徴的なものが多い．したがって使用に際し，それぞれの未発酵・有機肥料の特徴を知ることが重要である．

　未発酵・有機資材の成分や特徴を正確に知るため，堆肥と同様に品質評価指標を開発した（**未発酵・有機資材品質指標**（organic material quality index; OQI))．基本的には，堆肥の品質指標と同じであるが，発酵していない資材であるため，総細菌数の項目はない．このOQIを分析することにより，それぞれの未発酵・有機資材の中の成分や特徴を正確に知ることができる．その分析項目を図3.20に示す．

　前述したように，未発酵・有機肥料は，堆肥のように窒素，リン，カリウムのバランスの取れたものは少ない．例えば，大豆カスは，大豆油を搾取した後に出てくる副産物であり，そのほとんどがタンパク質である．したがって非常に高い窒素成分（6〜7％）を含んでいる（図3.21）．このため，経験的に大豆カスは，有機の窒素肥料として広く使われていたのである．

　窒素を要求する植物，例えば葉菜類などの栽培に堆肥と共に大豆カスを使うと，窒素供給

表 3.13　未発酵・有機資材の種類と特徴

大豆カス	窒素が多い
油カス	窒素が多い
菜種カス	窒素が多い
米糠	リンが多い
稲ワラ	炭素が多い
緑肥	炭素，窒素，カリウムが多い
水草	炭素，窒素，カリウムが多い
落葉	炭素，窒素，カリウムが多い
魚粉	窒素，ミネラルが多い
骨粉	リン，ミネラルが多い

・**化学性**　　　　　　　・**生物性**

1. 硝酸態窒素　　　　6. 全炭素量（TC）
2. アンモニア態窒素　7. 全窒素量（TN）
3. 水溶性カリウム　　8. 全リン量（TP）
4. 水溶性リン酸　　　9. 全カリウム量（TK）
　　　　　　　　　　10. C/N 比
・**物理性**　　　　　　 11. C/P 比

5. 含水率

図 3.20　未発酵・有機資材品質指標（OQI）の分析項目

OQI（有機資材品質指標）				

試料名：大豆カス

実測値および評価

物質循環に関する成分の実測値

測定項目	単位	推奨値	実測値	評価
◆C/N比		≦ 25	6	○
◆全炭素(TC)	(mg/kg)	≧ 300,000	423,200	○
◆全窒素(TN(N))	(mg/kg)	≧ 20,000	70,500	○
◆全リン(TP(P))	(mg/kg)	≧ 9,000	8,590	↓
◆全カリウム(TK(K))	(mg/kg)	≧ 20,000	21,600	○

植物生長に関する成分の実測値

測定項目	単位	推奨値	実測値	評価
◆硝酸態窒素	(mg/kg)	≦ 100	120	↑
◆アンモニア態窒素	(mg/kg)	≧ 100	60	↓
◆水溶性リン酸				
・P_2O_5換算（乾燥換算）	(mg/kg)			
・P_2O_5換算（現状で水分を含む）	(mg/kg)	≧ 500	1,100	○
・P（現状で水分を含む）	(mg/kg)			
◆水溶性カリウム				
・K_2O換算（乾燥換算）	(mg/kg)			
・K_2O換算（現状で水分を含む）	(mg/kg)	≧ 5,000	17,500	○
・K（現状で水分を含む）	(mg/kg)			

図 3.21　大豆カスの OQI 分析図

が豊かな土壌になる．逆に水田に大豆カスを施用すると窒素過多となり，倒伏や食味に影響を及ぼす．このように，栽培する農産物や土の状況により，未発酵・有機肥料を選択する必要がある．

3.7　MQI および OQI による堆肥および有機資材評価

　MQI 分析により，堆肥などの発酵・有機資材の内容物を把握でき，OQI 分析により大豆カ

スなどの未発酵・有機資材の含有物や割合を知ることができる．土壌の評価と共に，有機資材の評価があれば，使用者にとって有機資材の選択のための重要な情報となる．また，製造の立場からは，製造ロット間格差の減少や製品の改善につながる．

　未発酵・有機資材の場合，含有物の種類や量が特化しているものが多く，OQI 分析結果から使用者が判断するのが適切である．発酵・有機資材である堆肥は，牛糞堆肥，鶏糞堆肥，バーク堆肥等，原材料の由来がはっきりしているものが多く，また国内で広く流通している．そこで，「動物系堆肥（鶏糞堆肥は除く）」，「鶏糞堆肥」，「植物性堆肥」，および「その他堆肥」に分類し，MQI データに基づき，土壌評価と同様にパターン判定し，評価基準を設定した．

　パターン判定に用いる項目は，土壌のパターン判定で用いた全炭素，総細菌数，全窒素，C/N 比の 4 項目に加え，肥料成分として重要な全リンおよび全カリウム，さらには完熟堆肥の一つの指標となる含水率の 3 項目を加え計 7 項目で判断している．それぞれの項目での推奨

表 3.14　MQI 分析に基づく各堆肥の推奨値

測定項目	推奨値			
	動物性堆肥（鶏糞堆肥を除く）	鶏糞堆肥	植物性堆肥（バーク堆肥等）	その他堆肥（残渣，ボカシ等）
◆全炭素 (TC)(mg/kg)	≧ 200,000	≧ 200,000	≧ 200,000	≧ 200,000
◆総細菌数 (10^8 cells/g（土壌）)	≧ 10	≧ 10	≧ 10	≧ 10
◆全窒素 (TN(N))(mg/kg)	≧ 12,000	≧ 30,000	≧ 5,000	≧ 12,000
◆全リン (TP(P))(mg/kg)	≧ 6,000	≧ 13,000	≧ 2,000	≧ 6,000
◆全カリウム (TK(K))(mg/kg)	≧ 15,000	≧ 20,000	≧ 4,000	≧ 15,000
◆C/N 比	< 20	< 15	< 30	< 20
◆含水率（%）	< 35	< 35	< 35	< 35

表 3.15　堆肥における各パターン判定の特徴

パターン	判定	コメント
〈特 A〉	全項目について，基準を満たす．	全炭素と肥料成分が十分でバランスが良好な堆肥．
〈A1〉	C/N 比と含水率以外の項目が基準を満たす．	全炭素と総細菌数は十分だが，肥料成分のバランスがやや悪い．
〈A2〉	全炭素・全窒素・細菌数は基準を満たし，カリウムは満たさない．	全炭素・全窒素・細菌数は十分だが，カリウムの成分が少ない堆肥．
〈A3〉	全炭素・全窒素・細菌数は基準を満たし，リンは満たさない．	全炭素・全窒素・細菌数は十分だが，リンの成分が少ない堆肥．
〈B1〉	全炭素・全窒素・細菌数は基準を満たし，リン・カリウムは満たさない．	全炭素・全窒素・細菌数は十分だが，リンとカリウムの成分が少ない堆肥．
〈B2〉	全炭素と総細菌数は基準を満たし，全窒素は満たさない．	全炭素・細菌数は十分だが，窒素成分が少ない堆肥．
〈B3〉	全炭素は基準を満たし，総細菌数は満たさない．	全炭素は十分だが細菌数が少ない堆肥．
〈C〉	全炭素について，基準を満たさない．	炭素成分が不足しており，未完熟の可能性がある．

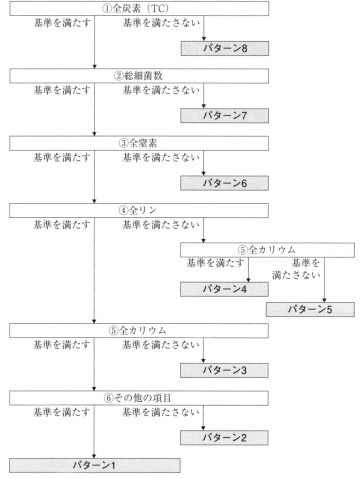

図 3.22　堆肥のパターン判定の手順

値を表 3.14 に示す.

　いずれの堆肥においても，全炭素，総細菌数，および含水率の推奨値は同じである．しかし，堆肥中の肥料成分である全窒素，全リン，および全カリウムの推奨値が異なっている．これは原材料が違うため，当然堆肥中の成分が異なるためである．例えば，鶏糞堆肥の場合，窒素成分が多い傾向であるため，高い推奨値を設定している．堆肥のパターン判定および評価を表 3.15 に，またパターン判定の手順を図 3.22 に示す．この堆肥の評価は，堆肥製造の改善や堆肥の選定に役立つ情報となる.

3.8　SOFIX 有機標準土壌

　「畑」，「水田」，および「樹園地」での SOFIX 分析のデータ蓄積により，それぞれ共通する

項目や違いが出る項目が明らかになった．例えば，水田土壌の総細菌数は，畑土壌と比べると高い傾向である．また，樹園地の全炭素は蓄積傾向であり，農業スタイル，また継続した農法により，それぞれの農地に特徴が表れてくる．

また SOFIX パターン判定により，農地を特 A 〜 D 評価に分類することができる．評価の低い農地は，有機資材を用い改善していくが，特 A 農地を目指すための目標・指標となる有機土壌が必要である．そこで目標・指標となる SOFIX 有機標準土壌が開発された．

SOFIX 有機標準土壌は，含有物成分など SOFIX 特 A 基準に合致するように配合されている（表 3.16）．また有機土壌において，有機物の含有量と共に細菌叢の再現性が極めて重要であるため，これらの再現性も追求している．

本有機土壌は，下記のような特徴がある．

①含有している微生物の動きを制御するため，含水率を極力低減させている．
②SOFIX 特 A 基準に合致するよう，また微生物が生育しやすいように各種有機資材を配合している．
③灌水することにより，微生物が増殖し，再現性のある安定した細菌数や細菌叢を形成できる．
④木質系バイオマスを使用することで，比重が軽い．
⑤最大保水容量が極めて高い．

有機土壌において，一定数以上の細菌数を保持し，安定した菌叢を形成すること，またこれらを維持することが，土壌中で安定した物質循環を達成し，ひいては植物の成長につながる．SOFIX 有機標準土壌の含水率と総細菌数の推移を表 3.17 に示す．

表 3.17 に示すように，**含水率**が 10 ％以下の場合の総細菌数は，徐々には増えているが相対的に少ないのに対し，含水率が 30 ％程度になると安定して高い細菌数を示した．これは土壌中の含水率が低い場合は，細菌が休眠状態であるのに対し，含水率を 30 ％程度にすると細菌が増殖していき細菌数が最大になったためである．これらのことから，SOFIX 有機標準土壌は，30 ％程度の含水率を維持すれば，総細菌数は高いレベルで維持されることが明らかとなった．

表 3.16 特 A 土壌の評価基準

項目	基準値
全炭素	$\geq 18{,}000$ mg/kg
全窒素	$\geq 1{,}000$ mg/kg
C/N 比	$8 \sim 27$
全リン	≥ 800 mg/kg
全カリウム	$\geq 1{,}000$ mg/kg
総細菌数	6.0×10^8 cells/g（土壌）
窒素循環活性	≥ 25 点
リン循環活性	$25 \sim 80$ 点

表 3.17　SOFIX 有機標準土壌における含水率と総細菌数の関係

含水率（%）	細菌数（個/g（土壌））
0	2.1
5	2.2
6	2.2
7	2.3
8	3.2
9	6.5
10	7.9
15	10.5
20	11.5
25	18.9
30	20.2
40	21.3

（総細菌数は，水分調整し，1週間室温で静置後，測定した．）

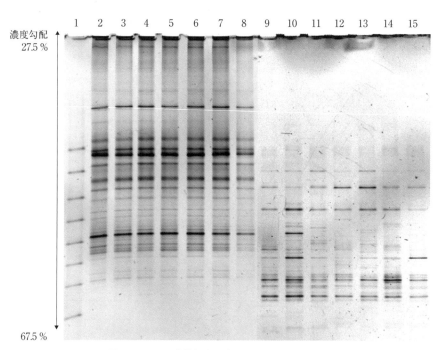

図 3.23　SOFIX 有機標準土壌と化学標準土壌の菌叢解析
レーン 1：マーカー，レーン 2 ～ 8：製造ロットが違う SOFIX 有機標準土壌，
レーン 9 ～ 15：製造ロットが違う化学土壌．

　総細菌数と共に細菌叢も非常に重要な項目の一つである．SOFIX 有機標準土壌の含水率を 30 ％に調整後，1週間室温に静置したのちの**菌叢解析（PCR-DGGE 法）**を行った（図 3.23）．並行して，有機肥料の代わりに化学肥料を入れた化学土壌（基本となる土壌は共通で，肥料の

みを化学肥料に代えたもの）の菌叢解析も行った.

　SOFIX 有機標準土壌と化学土壌の細菌叢解析では，明らかにバンドパターンが異なっていた（図 3.23）．また，化学土壌の場合，製造ロット間の違いにより，細菌叢のばらつきが認められた.

　一方，SOFIX 有機標準土壌の場合，含水率を 30 %程度に調整すれば，製造ロット間の違いによる細菌叢の違いはほとんど認められず，ほぼ同じ細菌叢になることが確認された. このように，SOFIX 有機標準土壌は，製造ロット間格差が少なく，再現性のある有機土壌であった. また本有機土壌の含水率を少なくした状態で保存しておけば，多くの有機物を含んでいるにもかかわらず，微生物の動きを制御でき，長期保存も可能であった.

付録
"""""""

⌄⌄⌄ **SOFIX分析に基づくパターン判定－畑**

| 評　価 |

試料名 ： 畑圃場1

表1．土壌肥沃度判定

測定項目	単位	実測値	低	適	高
◆総細菌数	(億個/g)	11.5		≧ 2.0	
◆全炭素 (TC)	(mg/kg)	28,000		≧ 12,000	
◆全窒素 (TN (N))	(mg/kg)	1,500		≧ 1,000	
◆窒素循環活性評価値	(点)	100		≧ 25	
◆リン循環活性評価値	(点)	35		20 ～ 80	
◆C/N比	-	19		8 ～ 27	

<パターン1>　　　　　　　評価　<特A>

良好な有機土壌環境

原　因
非常にバランスのとれた有機環境土壌になっている。適切な管理により維持することが重要である。

土壌の改善を行う場合、上記の各項目が「最適」になるよう、適切な資材選定と施肥・管理を行うことが重要です。
具体的な施肥設計をご要望の場合は、当機構までお問い合わせください（有償となります）。

表2．植物成長に影響する項目

測定項目	単位	実測値	低	適	高
◆全窒素 (TN (N))	(mg/kg)	1,500		≧ 1,000	
◆全リン (TP (P))	(mg/kg)	2,300		1,000 ～ 8,000	
◆全カリウム (TK (K))	(mg/kg)	3,500		1,500 ～ 12,000	

付録図 |　畑圃場 | におけるパターン判定

SOFIX（土壌肥沃度指標）ー畑

試料名：畑圃場 1

実測値および評価

生物性に関する項目（物質循環に関する成分の実測値）

測定項目	単位	推奨値（畑）	実測値	評価
◆総細菌数	(億個/g)	≧ 6.0	11.5	○
◆アンモニア酸化活性	(点)	≧ 41	100	○
◆亜硝酸酸化活性	(点)	≧ 70	100	○
◆窒素循環活性評価値	(点)	≧ 38	100	○
◆リン循環活性評価値	(点)	30 ～ 70	35	○
◆全炭素(TC)	(mg/kg)	≧ 25,000	28,000	○
◆全窒素(TN(N))	(mg/kg)	≧ 1,500	1,500	○
◆全リン(TP(P))	(mg/kg)	≧ 1,100	2,300	○
◆全カリウム(TK(K))	(mg/kg)	2,500 ～ 10,000	3,500	○
◆C/N比		10 ～ 20	19	○
◆C/P比		23 ～ 46	12	↓

化学性および物理性に関する項目

測定項目	単位	推奨値（畑）	実測値	評価
●硝酸態窒素	(mg/kg)	≧ 10	20	○
●アンモニア態窒素	(mg/kg)	≧ 10	230	○
可給態リン酸	(mg/kg)		2,320	
・P_2O_3換算（乾燥換算）	(mg/kg)	≧ 100	1,786	○
・P(現状で水分を含む)	(mg/kg)		780	
交換性カリウム	(mg/kg)		1,102	
・K_2O換算（乾燥換算）	(mg/kg)	≧ 100	849	○
・K (現状で水分を含む)	(mg/kg)		704	
●pH		5.5 ～ 6.5	6.3	○
●EC	(dS/m)	0.2 ～ 1.2	0.30	○
○含水率	(%)	≧ 20	23	○
○最大保水容量	(ml/kg)	≧ 400	1,010	○

●化学性に関する項目、○物理性に関する項目

データベースに基づいた評価

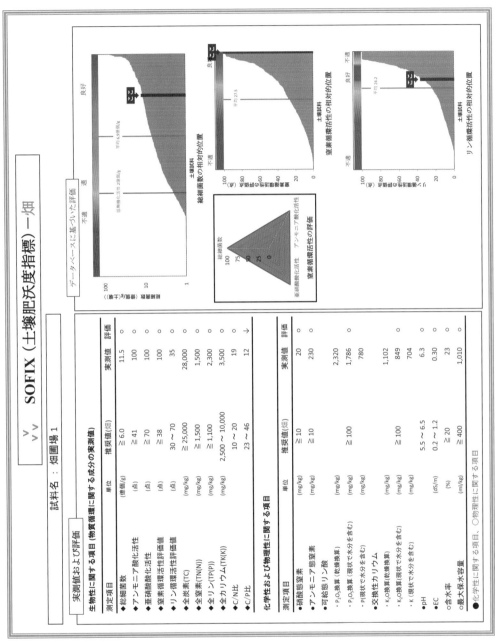

付録図Ⅰ　つづき

SOFIX分析に基づくパターン判定－畑

評　価

試料名 ： 畑圃場2

表1．土壌肥沃度判定

測定項目	単位	実測値	低	適	高
◆総細菌数	(億個/g)	6.0		≧ 2.0	
◆全炭素 (TC)	(mg/kg)	40,000		≧ 12,000	
◆全窒素 (TN (N))	(mg/kg)	1,200		≧ 1,000	
◆窒素循環活性評価値	(点)	74		≧ 25	
◆リン循環活性評価値	(点)	25		20 ～ 80	
◆C/N比	-	33			> 27

＜パターン2＞　　　　　　　　評価　　＜A1＞

基本的に良好な土壌環境であるが、有機物がやや蓄積傾向でバランスが悪い

原　因
全炭素量(TC)と全窒素量(TN)の比率が適切でない。C/N比を10～25の範囲に改善することが重要である。

土壌の改善を行う場合、上記の各項目が「最適」になるよう、適切な資材選定と施肥・管理を行うことが重要です。
具体的な施肥設計をご要望の場合は、当機構までお問い合わせください（有償となります）。

表2．植物成長に影響する項目

測定項目	単位	実測値	低	適	高
◆全窒素 (TN (N))	(mg/kg)	1,200		≧ 1,000	
◆全リン (TP (P))	(mg/kg)	3,200		1,000 ～ 8,000	
◆全カリウム (TK (K))	(mg/kg)	6,700		1,500 ～ 12,000	

付録図2 畑圃場2におけるパターン判定

＞ ＞ ＞　SOFIX（土壌肥沃度指標）－畑

試料名：畑圃場 2

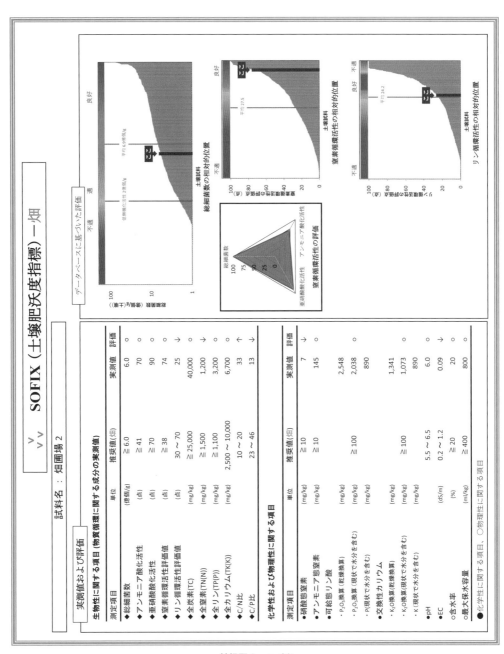

実測値および評価

データベースに基づいた評価

生物性に関する項目（物質循環に関する成分の実測値）

測定項目	単位	推奨値（畑）	実測値	評価
◆総細菌数	(億個/g)	≧ 6.0	6.0	○
◆アンモニア酸化活性	(点)	≧ 41	70	○
◆亜硝酸酸化活性	(点)	≧ 70	90	○
◆窒素循環活性評価値	(点)	≧ 38	74	○
◆リン循環活性評価値	(点)	30 ～ 70	25	→
◆全炭素(TC)	(mg/kg)	≧ 25,000	40,000	○
◆全窒素(TN(N))	(mg/kg)	≧ 1,500	1,200	→
◆全リン(TP(P))	(mg/kg)	≧ 1,100	3,200	○
◆全カリウム(TK(K))	(mg/kg)	2,500 ～ 10,000	6,700	○
◆C/N比		10 ～ 20	33	↑
◆C/P比		23 ～ 46	13	→

化学性および物理性に関する項目

測定項目	単位	推奨値（畑）	実測値	評価
●硝酸態窒素	(mg/kg)	≧ 10	7	→
●アンモニア態窒素	(mg/kg)	≧ 10	145	○
●可給態リン酸	(mg/kg)		2,548	
・P_2O_5換算（乾燥換算）	(mg/kg)	≧ 100	2,038	○
・P(現状で水分を含む)	(mg/kg)		890	
●交換性カリウム	(mg/kg)		1,341	
・K_2O換算（乾燥換算）	(mg/kg)	≧ 100	1,073	○
・K(現状で水分を含む)	(mg/kg)		890	
○pH		5.5 ～ 6.5	6.0	○
○EC	(dS/m)	0.2 ～ 1.2	0.09	→
○含水率	(%)	≧ 20	20	○
○最大保水容量	(ml/kg)	≧ 400	800	○

●化学性に関する項目、○物理性に関する項目

付録図 2　つづき

˅˅˅ SOFIX分析に基づくパターン判定－畑

評　価

試料名 ： 畑圃場3

表1．土壌肥沃度判定

測定項目	単位	実測値	低	適	高
◆総細菌数	(億個/g)	6.5		≧ 2.0	
◆全炭素 (TC)	(mg/kg)	23,000		≧ 12,000	
◆全窒素 (TN (N))	(mg/kg)	1,500		≧ 1,000	
◆窒素循環活性評価値	(点)	87		≧ 25	
◆リン循環活性評価値	(点)	5	< 20		
◆C/N比	-	15		8 ～ 27	

＜パターン3＞　　　　　　　評価　＜A2＞

基本的に良好な土壌環境であるが、リン循環が適正でない

原　因
下記のいずれかの原因が考えられる。
・総細菌数は十分だが、ミネラル量が多い。
・総細菌数は十分だが、ミネラル量が少ない。
・総細菌数は十分だが、全リン(TP) が少ない。
・総細菌数は十分だがリン循環を担っている細菌数が少ない。
・pHが適正でない。

土壌の改善を行う場合、上記の各項目が「最適」になるよう、適切な資材選定と施肥・管理を行うことが重要です。
具体的な施肥設計をご要望の場合は、当機構までお問い合わせください（有償となります）。

表2．植物成長に影響する項目

測定項目	単位	実測値	低	適	高
◆全窒素 (TN (N))	(mg/kg)	1,500		≧ 1,000	
◆全リン (TP (P))	(mg/kg)	1,550		1,000 ～ 8,000	
◆全カリウム (TK (K))	(mg/kg)	2,360		1,500 ～ 12,000	

付録図3　畑圃場3におけるパターン判定

＞
＞＞　SOFIX（土壌肥沃度指標）ー畑

試料名 ： 畑圃場 3

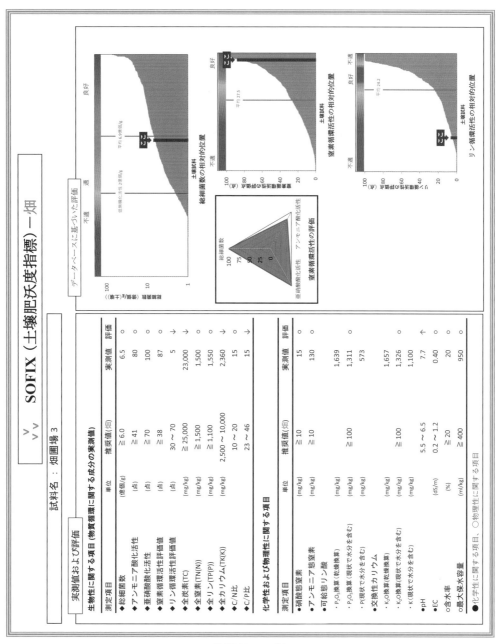

実測値および評価

生物性に関する項目（物質循環に関する成分の実測値）

測定項目	単位	推奨値（畑）	実測値	評価
◆総細菌数	(億個/g)	≧ 6.0	6.5	○
◆アンモニア酸化活性	(点)	≧ 41	80	○
◆亜硝酸酸化活性	(点)	≧ 70	100	○
◆窒素循環活性評価値	(点)	≧ 38	87	○
◆リン循環活性評価値	(点)	30 ～ 70	5	→
◆全炭素(TC)	(mg/kg)	≧ 25,000	23,000	○
◆全窒素(TN(N))	(mg/kg)	≧ 1,500	1,500	○
◆全リン(TP(P))	(mg/kg)	≧ 1,100	1,550	○
◆全カリウム(TK(K))	(mg/kg)	2,500 ～ 10,000	2,360	→
◆C/N比		10 ～ 20	15	○
◆C/P比		23 ～ 46	15	→

化学性および物理性に関する項目

測定項目	単位	推奨値（畑）	実測値	評価
●硝酸態窒素	(mg/kg)	≧ 10	15	○
◆アンモニア態窒素	(mg/kg)	≧ 10	130	○
●可給態リン酸	(mg/kg)			
・P₂O₅換算（乾燥換算）		≧ 100	1,639	
・P₂O₅換算（現状で水分を含む）			1,311	○
・P(現状で水分を含む)			573	
●交換性カリウム	(mg/kg)			
・K₂O換算（乾燥換算）		≧ 100	1,657	
・K₂O換算（現状で水分を含む）			1,326	○
・K(現状で水分を含む)			1,100	
●pH		5.5 ～ 6.5	7.7	↑
●EC	(dS/m)	0.2 ～ 1.2	0.40	○
○含水率	(%)	≧ 20	20	○
○最大保水容量	(ml/kg)	≧ 400	950	○

●化学性に関する項目、○物理性に関する項目

付録図3　つづき

⌄⌄⌄ SOFIX分析に基づくパターン判定－畑

| 評　価 |

試料名 ： 畑圃場 4

表 1．土壌肥沃度判定

測定項目	単位	実測値	低	適	高
◆総細菌数	(億個/g)	4.0		≧ 2.0	
◆全炭素 (TC)	(mg/kg)	34,000		≧ 12,000	
◆全窒素 (TN (N))	(mg/kg)	1,100		≧ 1,000	
◆窒素循環活性評価値	(点)	16	< 25		
◆リン循環活性評価値	(点)	17	< 20		
◆C/N比	-	31			> 27

<パターン4>　　　　　　評価　<B1>

全炭素量(TC)・全窒素量(TN)は十分だが、物質循環活性が不適正

原　因
下記のいずれかの原因が考えられる。
・微生物の働きが悪い環境にある。
・総細菌数は十分だが、全炭素量(TC)・全窒素量(TN)が少ない、またはそれらのバランスが悪い。
・総細菌数・全炭素量(TC)・全窒素量(TN)は十分だが、以下の原因が考えられる。
　　　・pHが低い
　　　・水はけが悪い
　　　・ミネラルの過不足等

土壌の改善を行う場合、上記の各項目が「最適」になるよう、適切な資材選定と施肥・管理を行うことが重要です。
具体的な施肥設計をご要望の場合は、当機構までお問い合わせください（有償となります）。

表 2．植物成長に影響する項目

測定項目	単位	実測値	低	適	高
◆全窒素 (TN (N))	(mg/kg)	1,100		≧ 1,000	
◆全リン (TP (P))	(mg/kg)	1,900		1,000 ～ 8,000	
◆全カリウム (TK (K))	(mg/kg)	3,200		1,500 ～ 12,000	

付録図 4　畑圃場 4 におけるパターン判定

SOFIX（土壌肥沃度指標）－畑

試料名 ： 畑圃場4

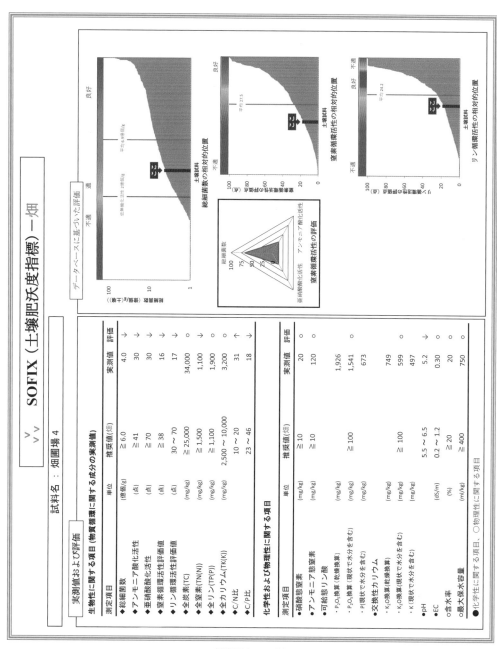

データベースに基づいた評価

実測値および評価

生物性に関する項目（物質循環に関する成分の実測値）

測定項目	単位	推奨値（畑）	実測値	評価
◆総細菌数	(億個/g)	≧6.0	4.0	↓
◆アンモニア酸化活性	(点)	≧41	30	↓
◆亜硝酸酸化活性	(点)	≧70	30	↓
◆窒素循環活性評価値	(点)	≧38	16	↓
◆リン循環活性評価値	(点)	30～70	17	↓
◆全炭素(TC)	(mg/kg)	≧25,000	34,000	○
◆全窒素(TN(N))	(mg/kg)	≧1,500	1,100	↓
◆全リン(TP(P))	(mg/kg)	≧1,100	1,900	○
◆全カリウム(TK(K))	(mg/kg)	2,500～10,000	3,200	○
◆C/N比		10～20	31	↑
◆C/P比		23～46	18	↓

化学性および物理性に関する項目

測定項目	単位	推奨値（畑）	実測値	評価
●硝酸態窒素	(mg/kg)	≧10	20	○
●アンモニア態窒素	(mg/kg)	≧10	120	○
●可給態リン酸				
・P_2O_5換算（乾物換算）	(mg/kg)	≧100	1,926	
・P_2O_5換算（現状で水分を含む）	(mg/kg)		1,541	○
・P（現状で水分を含む）	(mg/kg)		673	
●交換性カリウム				
・K_2O換算（乾燥換算）	(mg/kg)	≧100	749	
・K_2O換算（現状で水分を含む）	(mg/kg)		599	○
・K（現状で水分を含む）	(mg/kg)		497	
●pH		5.5～6.5	5.2	↓
●EC	(dS/m)	0.2～1.2	0.30	○
●含水率	(%)	≧20	20	○
●最大保水容量	(ml/kg)	≧400	750	○

●化学性に関する項目、○物理性に関する項目

付録図4　つづき

SOFIX分析に基づくパターン判定－畑

評　価

試料名　：　畑圃場5

表1．土壌肥沃度判定

測定項目	単位	実測値	低	適	高
◆総細菌数	(億個/g)	4.5		≧ 2.0	
◆全炭素 (TC)	(mg/kg)	17,500		≧ 12,000	
◆全窒素 (TN (N))	(mg/kg)	650	< 1,000		
◆窒素循環活性評価値	(点)	21	< 25		
◆リン循環活性評価値	(点)	14	< 20		
◆C/N比	-	27		8 ～ 27	

<パターン5>　　　　　　　　　評価　　<B2>

全炭素量(TC)は十分だが、全窒素量(TN)が不足傾向

原　因
農産物による窒素の消費、または雨水などによる流出が考えられる。

土壌の改善を行う場合、上記の各項目が「最適」になるよう、適切な資材選定と施肥・管理を行うことが重要です。
具体的な施肥設計をご要望の場合は、当機構までお問い合わせください（有償となります）。

表2．植物成長に影響する項目

測定項目	単位	実測値	低	適	高
◆全窒素 (TN (N))	(mg/kg)	650	< 1,000		
◆全リン (TP (P))	(mg/kg)	1,800		1,000 ～ 8,000	
◆全カリウム (TK (K))	(mg/kg)	3,100		1,500 ～ 12,000	

付録図5　畑圃場5におけるパターン判定

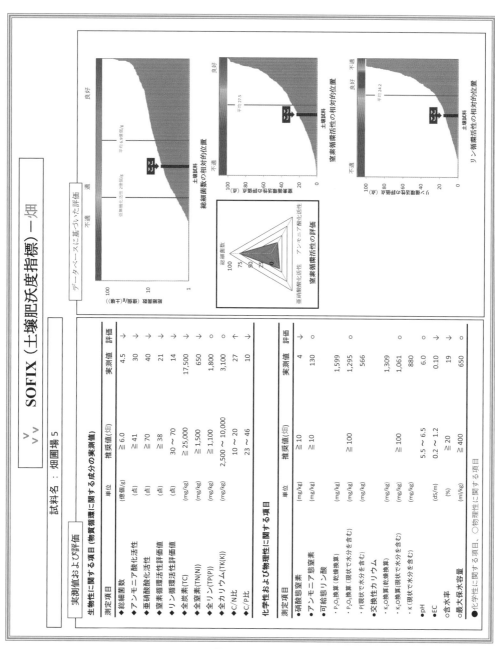

＞＞＞ SOFIX（土壌肥沃度指標）－畑

試料名 ： 畑圃場 5

実測値および評価

生物性に関する項目（物質循環に関する成分の実測値）

測定項目	単位	推奨値（畑）	実測値	評価
◆総細菌数	(億個/g)	6.0	4.5	→
◆アンモニア酸化活性	(点)	≧41	30	→
◆亜硝酸酸化活性	(点)	≧70	40	→
◆窒素循環活性評価値	(点)	≧38	21	→
◆リン循環活性評価値	(点)	30～70	14	→
◆全炭素(TC)	(mg/kg)	≧25,000	17,500	→
◆全窒素(TN(N))	(mg/kg)	≧1,500	650	→
◆全リン(TP(P))	(mg/kg)	≧1,100	1,800	○
◆全カリウム(TK(K))	(mg/kg)	2,500～10,000	3,100	○
◆C/N比		10～20	27	↑
◆C/P比		23～46	10	↓

化学性および物理性に関する項目

測定項目	単位	推奨値（畑）	実測値	評価
●硝酸態窒素	(mg/kg)	≧10	4	→
●アンモニア態窒素	(mg/kg)	≧10	130	→
●可給態リン酸				
・P₂O₅換算（乾燥換算）	(mg/kg)		1,599	
・P:現状で水分を含む	(mg/kg)	≧100	1,295	○
・P:現状で水分を含む	(mg/kg)		566	
●交換性カリウム				
・K₂O換算（乾燥換算）	(mg/kg)		1,309	
・K₂O換算（現状で水分を含む）	(mg/kg)	≧100	1,061	○
・K:現状で水分を含む	(mg/kg)		880	
●pH		5.5～6.5	6.0	○
●EC	(dS/m)	0.2～1.2	0.10	→
○含水率	(%)	≧20	19	→
○最大保水容量	(ml/kg)	≧400	650	○

●化学性に関する項目、○物理性に関する項目

付録図5　つづき

˅˅˅ SOFIX分析に基づくパターン判定－畑

評　価

試料名 ： 畑圃場 6

表 1．土壌肥沃度判定

測定項目	単位	実測値	低	適	高
◆総細菌数	(億個/g)	2.5		≧ 2.0	
◆全炭素 (TC)	(mg/kg)	9,500	< 12,000		
◆全窒素 (TN (N))	(mg/kg)	780	< 1,000		
◆窒素循環活性評価値	(点)	8	< 25		
◆リン循環活性評価値	(点)	12	< 20		
◆C/N比	-	12		8 ～ 27	

<パターン6>　　　　　　　　　　評価　　<B3>

総細菌数は十分だが、有機物が不足傾向

原　因
化学肥料を用いる化学農法のため、有機物の施肥が少ないと考えられる。

土壌の改善を行う場合、上記の各項目が「最適」になるよう、適切な資材選定と施肥・管理を行うことが重要です。
具体的な施肥設計をご要望の場合は、当機構までお問い合わせください（有償となります）。

表 2．植物成長に影響する項目

測定項目	単位	実測値	低	適	高
◆全窒素 (TN (N))	(mg/kg)	780	< 1,000		
◆全リン (TP (P))	(mg/kg)	2,350		1,000 ～ 8,000	
◆全カリウム (TK (K))	(mg/kg)	4,300		1,500 ～ 12,000	

付録図 6　畑圃場 6 におけるパターン判定

✓✓✓ SOFIX（土壌肥沃度指標）ー畑

試料名 : 畑圃場 6

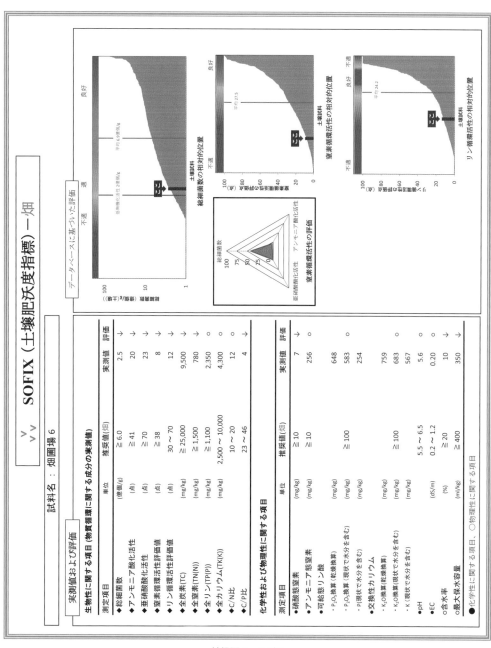

実測値および評価

生物性に関する項目（物質循環に関する成分の実測値）

測定項目	単位	推奨値（畑）	実測値	評価
◆総細菌数	(億個/g)	≧ 6.0	2.5	→
◆アンモニア酸化活性	(点)	≧ 41	20	→
◆亜硝酸酸化活性	(点)	≧ 70	23	→
◆窒素循環活性評価値	(点)	≧ 38	8	→
◆リン循環活性評価値	(点)	30 〜 70	12	→
◆全炭素(TC)	(mg/kg)	≧ 25,000	9,500	→
◆全窒素(TN(N))	(mg/kg)	≧ 1,500	780	→
◆全リン(TP(P))	(mg/kg)	≧ 1,100	2,350	○
◆全カリウム(TK(K))	(mg/kg)	2,500 〜 10,000	4,300	○
◇C/N比		10 〜 20	12	○
◇C/P比		23 〜 46	4	→

化学性および物理性に関する項目

測定項目	単位	推奨値（畑）	実測値	評価
●硝酸態窒素	(mg/kg)	≧ 10	7	→
●アンモニア態窒素	(mg/kg)	≧ 10	256	○
●可給態リン酸				
・P2O5換算（乾燥換算）	(mg/kg)	≧ 100	648	
・P2O5換算（現状で水分を含む）	(mg/kg)		583	○
・P(現状で水分を含む)	(mg/kg)		254	
●交換性カリウム				
・K2O換算（乾燥換算）	(mg/kg)	≧ 100	759	
・K2O換算（現状で水分を含む）	(mg/kg)		683	○
・K（現状で水分を含む）	(mg/kg)		567	
●pH		5.5 〜 6.5	5.6	○
●EC	(dS/m)	0.2 〜 1.2	0.20	○
○含水率	(%)	≧ 20	10	→
○最大保水容量	(ml/kg)	≧ 400	350	→

●化学性に関する項目、○物理性に関する項目

データベースに基づいた評価

付録図 6　つづき

˅˅˅ SOFIX分析に基づくパターン判定－畑

評　価

試料名　：　畑圃場7

表1．土壌肥沃度判定

測定項目	単位	実測値	低	適	高
◆総細菌数	(億個/g)	1.2	< 2.0		
◆全炭素 (TC)	(mg/kg)	5,600	< 12,000		
◆全窒素 (TN (N))	(mg/kg)	1,200		≧ 1,000	
◆窒素循環活性評価値	(点)	2	< 25		
◆リン循環活性評価値	(点)	8	< 20		
◆C/N比	-	5	< 8		

＜パターン7＞　　　　　　　評価　＜C1＞

総細菌数が少なく、循環系が悪い傾向

原　因
化学肥料を用いる化学農法のため、有機物の施肥が少ないと考えられる。化学肥料の多用や連作の可能性が考えられる。

土壌の改善を行う場合、上記の各項目が「最適」になるよう、適切な資材選定と施肥・管理を行うことが重要です。
具体的な施肥設計をご要望の場合は、当機構までお問い合わせください（有償となります）。

表2．植物成長に影響する項目

測定項目	単位	実測値	低	適	高
◆全窒素 (TN (N))	(mg/kg)	1,200		≧ 1,000	
◆全リン (TP (P))	(mg/kg)	1,560		1,000 〜 8,000	
◆全カリウム (TK (K))	(mg/kg)	5,400		1,500 〜 12,000	

付録図7　畑圃場7におけるパターン判定

＞＞ SOFIX（土壌肥沃度指標）－畑

試料名 ： 畑圃場 7

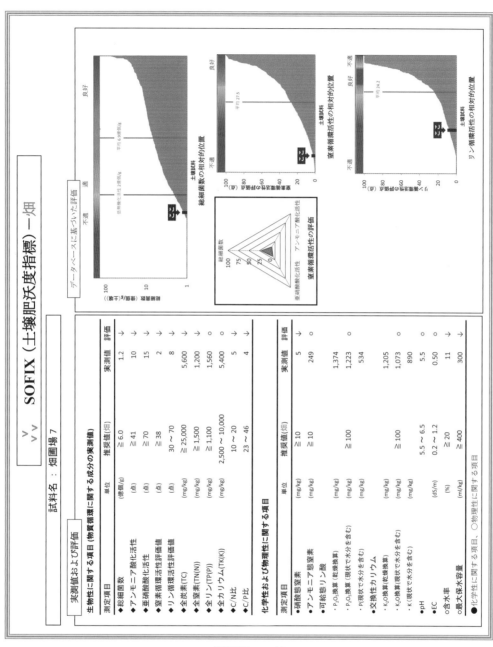

実測値および評価

生物性に関する項目（物質循環に関する成分の実測値）

測定項目	単位	推奨値（畑）	実測値	評価
◆総細菌数	（億個/g）	≧ 6.0	1.2	↓
◆アンモニア酸化活性	（点）	≧ 41	10	↓
◆亜硝酸酸化活性	（点）	≧ 70	15	↓
◆窒素循環活性評価値	（点）	≧ 38	2	↓
◆リン循環活性評価値	（点）	30 ～ 70	8	↓
◆全炭素（TC）	（mg/kg）	≧ 25,000	5,600	↓
◆全窒素（TN(N)）	（mg/kg）	≧ 1,500	1,200	↓
◆全リン（TP(P)）	（mg/kg）	≧ 1,100	1,560	○
◆全カリウム（TK(K)）	（mg/kg）	2,500 ～ 10,000	5,400	○
◆C/N比		10 ～ 20	5	↓
◆C/P比		23 ～ 46	4	↓

化学性および物理性に関する項目

測定項目	単位	推奨値（畑）	実測値	評価
●硝酸態窒素	（mg/kg）	≧ 10	5	↓
●アンモニア態窒素	（mg/kg）	≧ 10	249	○
●可給態リン酸	（mg/kg）		1,374	
・ P₂O₅換算（乾燥換算）	（mg/kg）	≧ 100	1,223	○
・ P（現状で水分を含む）	（mg/kg）		534	
●交換性カリウム	（mg/kg）		1,205	
・ K₂O換算（乾燥換算）	（mg/kg）	≧ 100	1,073	○
・ K（現状で水分を含む）	（mg/kg）		890	
●pH		5.5 ～ 6.5	5.5	○
●EC	（dS/m）	0.2 ～ 1.2	0.50	○
●含水率	（%）	≧ 20	11	↓
○最大保水容量	（ml/kg）	≧ 400	300	↓

●化学性に関する項目、○物理性に関する項目

付録図7 つづき

SOFIX分析に基づくパターン判定－畑

評　価

試料名 ： 畑圃場 8

表 1．土壌肥沃度判定

測定項目	単位	実測値	低	適	高
◆総細菌数	(億個/g)	0.5	< 2.0		
◆全炭素 (TC)	(mg/kg)	18,000		≧ 12,000	
◆全窒素 (TN (N))	(mg/kg)	1,350		≧ 1,000	
◆窒素循環活性評価値	(点)	1	< 25		
◆リン循環活性評価値	(点)	5	< 20		
◆C/N比	-	13		8 ～ 27	

<パターン8>　　　　　　　　評価　　<C2>

有機物量は十分だが、総細菌数が少ない傾向

原　因
下記のいずれかの原因が考えられる。
・全炭素量(TC)と全窒素量(TN)のバランスが悪い。
・耕耘が十分に行われていない。
・土壌燻蒸材等の農薬が残留している可能性がある。

土壌の改善を行う場合、上記の各項目が「最適」になるよう、適切な資材選定と施肥・管理を行うことが重要です。
具体的な施肥設計をご要望の場合は、当機構までお問い合わせください（有償となります）。

表 2．植物成長に影響する項目

測定項目	単位	実測値	低	適	高
◆全窒素 (TN (N))	(mg/kg)	1,350		≧ 1,000	
◆全リン (TP (P))	(mg/kg)	1,900		1,000 ～ 8,000	
◆全カリウム (TK (K))	(mg/kg)	4,500		1,500 ～ 12,000	

付録図 8　畑圃場 8 におけるパターン判定

SOFIX（土壌肥沃度指標）－畑

試料名 ： 畑圃場 8

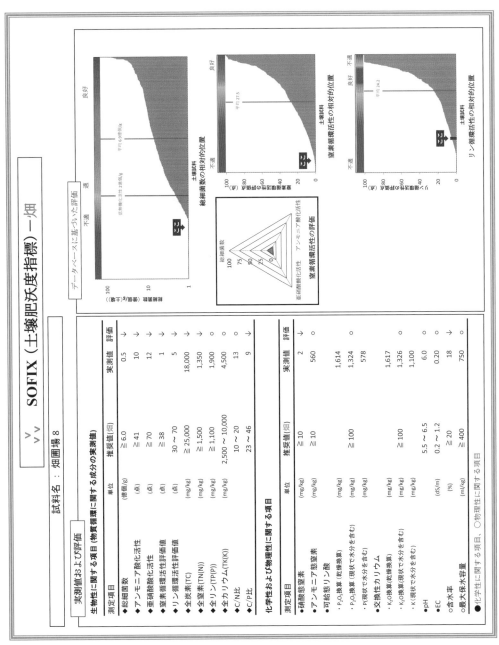

データベースに基づいた評価

実測値および評価

生物性に関する項目（物質循環に関する成分の実測値）

測定項目	単位	推奨値（畑）	実測値	評価
◆総細菌数	(億個/g)	≧6.0	0.5	→
◆アンモニア酸化活性	(点)	≧41	10	→
◆亜硝酸酸化活性	(点)	≧70	12	→
◆窒素循環活性評価値	(点)	≧38	1	→
◆リン循環活性評価値	(点)	30～70	5	→
◆全炭素(TC)	(mg/kg)	≧25,000	18,000	→
◆全窒素(TN(N))	(mg/kg)	≧1,500	1,350	○
◆全リン(TP(P))	(mg/kg)	≧1,100	1,900	○
◆全カリウム(TK(K))	(mg/kg)	2,500～10,000	4,500	○
◆C/N比		10～20	13	○
◆C/P比		23～46	9	→

化学性および物理性に関する項目

測定項目	単位	推奨値（畑）	実測値	評価
●硝酸態窒素	(mg/kg)	≧10	2	→
●アンモニア態窒素	(mg/kg)	≧10	560	○
●可給態リン酸				
・P₂O₅換算（乾燥換算）	(mg/kg)		1,614	
・P₂O₅換算（現状で水分を含む）	(mg/kg)	≧100	1,324	○
・P換算（現状で水分を含む）	(mg/kg)		578	
●交換性カリウム				
・K₂O換算（乾燥換算）	(mg/kg)		1,617	
・K₂O換算（現状で水分を含む）	(mg/kg)	≧100	1,326	○
・K換算（現状で水分を含む）	(mg/kg)		1,100	
●pH		5.5～6.5	6.0	○
●EC	(dS/m)	0.2～1.2	0.20	○
○含水率	(%)	≧20	18	→
○最大保水容量	(ml/kg)	≧400	750	○

●化学性に関する項目、○物理性に関する項目

付録図8　つづき

⌄⌄⌄ SOFIX分析に基づくパターン判定－畑

評　価

試料名 ： 畑圃場9

表1．土壌肥沃度判定

測定項目	単位	実測値	低	適	高
◆総細菌数	(億個/g)	n.d.	< 2.0		
◆全炭素 (TC)	(mg/kg)	23,000		≧ 12,000	
◆全窒素 (TN (N))	(mg/kg)	1,200		≧ 1,000	
◆窒素循環活性評価値	(点)	0	< 25		
◆リン循環活性評価値	(点)	0	< 20		
◆C/N比	-	19		8 〜 27	

＜パターン9＞   評価　＜D＞

総細菌数が検出限界以下（n.d.　not detected）　6.6×10^6cells/g 以下である

原　因

総細菌数がn.d.であるため、精密診断が必要である。

土壌の改善を行う場合、上記の各項目が「最適」になるよう、適切な資材選定と施肥・管理を行うことが重要です。
具体的な施肥設計をご要望の場合は、当機構までお問い合わせください（有償となります）。

表2．植物成長に影響する項目

測定項目	単位	実測値	低	適	高
◆全窒素 (TN (N))	(mg/kg)	1,200		≧ 1,000	
◆全リン (TP (P))	(mg/kg)	2,300		1,000 〜 8,000	
◆全カリウム (TK (K))	(mg/kg)	6,500		1,500 〜 12,000	

付録図9　畑圃場9におけるパターン判定

＞＞ SOFIX（土壌肥沃度指標）－畑

試料名：畑圃場 9

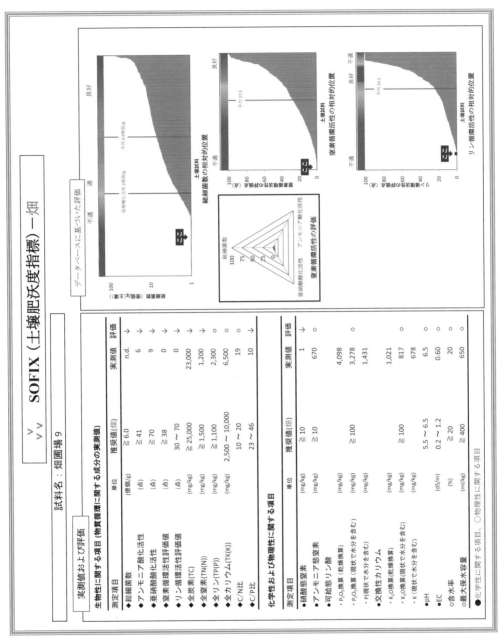

データベースに基づいた評価

実測値および評価

生物性に関する項目（物質循環に関する成分の実測値）

測定項目	単位	推奨値（畑）	実測値	評価
◆総細菌数	(億個/g)	≧6.0	n.d.	→
◆アンモニア酸化活性	(点)	≧41	6	→
◆亜硝酸酸化活性	(点)	≧70	9	→
◆窒素循環活性評価値	(点)	≧38	0	→
◆リン循環活性評価値	(点)	30〜70	0	→
◆全炭素(TC)	(mg/kg)	≧25,000	23,000	→
◆全窒素(TN(N))	(mg/kg)	≧1,500	1,200	→
◆全リン(TP(P))	(mg/kg)	≧1,100	2,300	○
◆全カリウム(TK(K))	(mg/kg)	2,500〜10,000	6,500	○
◆C/N比		10〜20	19	○
◆C/P比		23〜46	10	→

化学性および物理性に関する項目

測定項目	単位	推奨値（畑）	実測値	評価
●硝酸態窒素	(mg/kg)	≧10	1	→
●アンモニア態窒素	(mg/kg)	≧10	670	○
●可給態リン酸	(mg/kg)			
・P₂O₅換算（乾燥換算）	(mg/kg)		4,098	
・P₂O₅換算（現状で水分を含む）	(mg/kg)	≧100	3,278	○
・P（現状で水分を含む）	(mg/kg)		1,431	
●交換性カリウム	(mg/kg)			
・K₂O換算（乾燥換算）	(mg/kg)		1,021	
・K₂O換算（現状で水分を含む）	(mg/kg)	≧100	817	○
・K（現状で水分を含む）	(mg/kg)		678	
●pH		5.5〜6.5	6.5	○
●EC	(dS/m)	0.2〜1.2	0.60	○
○含水率	(%)	≧20	20	○
○最大保水容量	(ml/100g)	≧400	650	○

●化学性に関する項目，○物理性に関する項目

付録図9　つづき

パターン判定－水田

評　価

試料名 ： 水田圃場1

表1．土壌肥沃度判定

測定項目	単位	実測値	低	適	高
◆総細菌数	(億個/g)	12.5		≧ 4.5	
◆全炭素 (TC)	(mg/kg)	26,000		≧ 13,000	
◆全窒素 (TN (N))	(mg/kg)	1,300		650 ～ 1,500	
◆窒素循環活性評価値	(点)	100		≧ 15	
◆リン循環活性評価値	(点)	50		20 ～ 60	
◆C/N比	-	20		15 ～ 30	

<パターン1>　　　　　　　　評価　<特A>

良好な有機土壌環境

原　因

非常にバランスのとれた有機環境土壌になっている。適切な管理により維持することが重要である。

土壌の改善を行う場合、上記の各項目が「最適」になるよう、適切な資材選定と施肥・管理を行うことが重要です。
具体的な施肥設計をご要望の場合は、当機構までお問い合わせください（有償となります）。

表2．植物成長に影響する項目

測定項目	単位	実測値	低	適	高
◆全窒素 (TN (N))	(mg/kg)	1,300		650 ～ 1,500	
◆全リン (TP (P))	(mg/kg)	1,400		650 ～ 3,000	
◆全カリウム (TK (K))	(mg/kg)	2,400		2,000 ～ 10,000	

付録図10　水田圃場1におけるパターン判定

SOFIX（土壌肥沃度指標）－水田

試料名：水田圃場 1

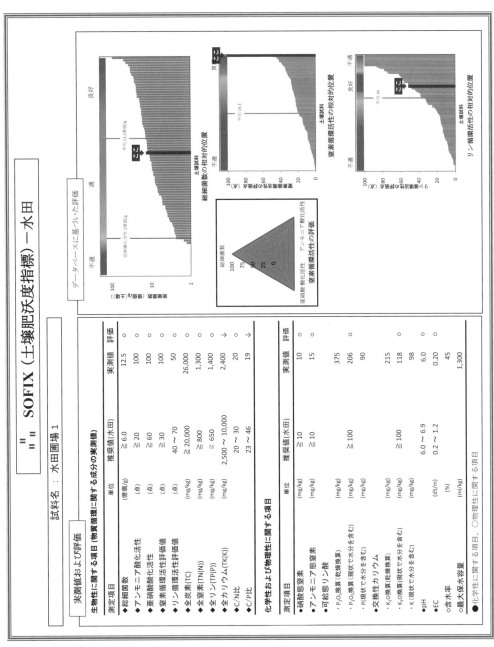

データベースに基づいた評価

実測値および評価

生物性に関する項目（物質循環に関する成分の実測値）

測定項目	単位	推奨値(水田)	実測値	評価
◆総細菌数	(億個/g)	≧6.0	12.5	○
◆アンモニア酸化活性	(点)	≧20	100	○
◆亜硝酸酸化活性	(点)	≧60	100	○
◆窒素循環活性評価値	(点)	≧30	100	○
◆リン循環活性評価値	(点)	40～70	50	○
◆全炭素(TC)	(mg/kg)	≧20,000	26,000	○
◆全窒素(TN(N))	(mg/kg)	≧800	1,300	○
◆全リン(TP(P))	(mg/kg)	≧650	1,400	○
◆全カリウム(TK(K))	(mg/kg)	2,500～10,000	2,400	→
◆C/N比		20～30	20	○
◆C/P比		23～46	19	→

化学性および物理性に関する項目

測定項目	単位	推奨値(水田)	実測値	評価
●硝酸態窒素	(mg/kg)	≧10	10	○
●アンモニア態窒素	(mg/kg)	≧10	15	○
●可給態リン酸				
・P_2O_5換算（乾燥換算）	(mg/kg)		375	
・P_2O_5換算（現状で水分を含む）	(mg/kg)	≧100	206	○
・P(現状で水分を含む）	(mg/kg)		90	
●交換性カリウム				
・K_2O換算（乾燥換算）	(mg/kg)		215	
・K_2O換算（現状で水分を含む）	(mg/kg)	≧100	118	○
・K(現状で水分を含む）	(mg/kg)		98	
●pH		6.0～6.9	6.0	○
●EC	(dS/m)	0.2～1.2	0.20	○
○含水率	(%)		45	
○最大保水容量	(ml/kg)		1,300	

●化学性に関する項目、○物理性に関する項目

付録図10　つづき

パターン判定－水田

評 価

試料名 ： 水田圃場 2

表 1．土壌肥沃度判定

測定項目	単位	実測値	低	適	高
◆総細菌数	(億個/g)	12.5		≧ 4.5	
◆全炭素 (TC)	(mg/kg)	25,000		≧ 13,000	
◆全窒素 (TN (N))	(mg/kg)	680		650 ～ 1,500	
◆窒素循環活性評価値	(点)	52		≧ 15	
◆リン循環活性評価値	(点)	30		20 ～ 60	
◆C/N比	-	37			> 30

＜パターン2＞　　　　　　　　評価　＜A1＞

基本的に良好な土壌環境であるが、有機物がやや蓄積傾向でバランスが悪い

原 因
全炭素量(TC)と全窒素量(TN)の比率が適切でない。C/N比が15～30の範囲に改善することが重要である。

土壌の改善を行う場合、上記の各項目が「最適」になるよう、適切な資材選定と施肥・管理を行うことが重要です。
具体的な施肥設計をご要望の場合は、当機構までお問い合わせください（有償となります）。

表 2．植物成長に影響する項目

測定項目	単位	実測値	低	適	高
◆全窒素 (TN (N))	(mg/kg)	680		650 ～ 1,500	
◆全リン (TP (P))	(mg/kg)	780		650 ～ 3,000	
◆全カリウム (TK (K))	(mg/kg)	2,300		2,000 ～ 10,000	

付録図 II　水田圃場 2 におけるパターン判定

SOFIX（土壌肥沃度指標）－水田

試料名：水田圃場 2

実測値および評価

データベースに基づいた評価

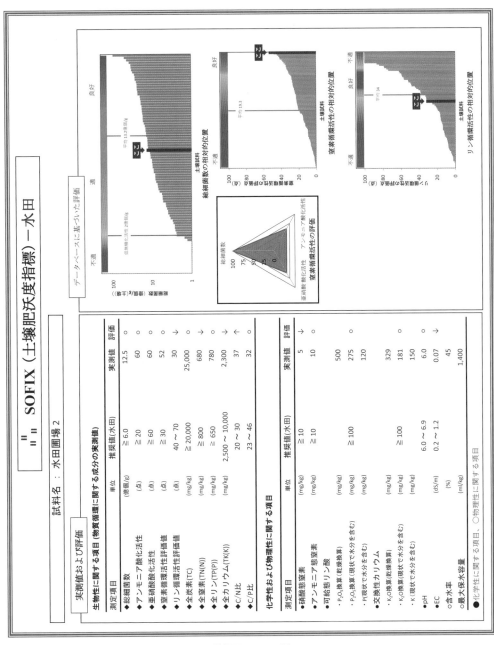

総細菌数の相対的的位置

窒素循環活性の相対的的位置

リン循環活性の相対的的位置

生物性に関する項目（物質循環に関する成分の実測値）

測定項目	単位	推奨値（水田）	実測値	評価
◆総細菌数	（億個/g）	≧6.0	12.5	○
◆アンモニア酸化活性	（点）	≧20	60	○
◆亜硝酸酸化活性	（点）	≧60	60	○
◆窒素循環活性評価値	（点）	≧30	52	○
◆リン循環活性評価値	（点）	40～70	30	→
◆全炭素（TC）	(mg/kg)	≧20,000	25,000	○
◆全窒素（TN(N)）	(mg/kg)	≧800	680	→
◆全リン（TP(P)）	(mg/kg)	≧650	780	○
◆全カリウム(TK(K))	(mg/kg)	2,500～10,000	2,300	↑
◆C/N比		20～30	37	↑
◆C/P比		23～46	32	○

化学性および物理性に関する項目

測定項目	単位	推奨値（水田）	実測値	評価
◆硝酸態窒素	(mg/kg)	≧10	5	→
◆アンモニア態窒素	(mg/kg)	≧10	10	○
◆可給態リン酸	(mg/kg)	≧100	500	
・P_2O_5換算（乾燥換算）	(mg/kg)		275	○
・P（現状で水分を含む）	(mg/kg)		120	
◆交換性カリウム			329	
・K_2O換算（乾燥換算）	(mg/kg)	≧100	181	○
・K（現状で水分を含む）	(mg/kg)		150	
◆pH		6.0～6.9	6.0	○
◆EC	(dS/m)	0.2～1.2	0.07	→
○含水率	(%)		45	
○最大保水容量	(ml/kg)		1,400	

●化学性に関する項目、○物理性に関する項目

付録図11　つづき

‖‖ パターン判定－水田

| 評 価 |

試料名 ： 水田圃場3

表1．土壌肥沃度判定

測定項目	単位	実測値	低	適	高
◆総細菌数	(億個/g)	8.9		≧ 4.5	
◆全炭素 (TC)	(mg/kg)	17,030		≧ 13,000	
◆全窒素 (TN (N))	(mg/kg)	811		650 ～ 1,500	
◆窒素循環活性評価値	(点)	50		≧ 15	
◆リン循環活性評価値	(点)	3	< 20		
◆C/N比	-	21		15 ～ 30	

<パターン3>　　　　　　　　評価　<A2>

基本的に良好な土壌環境であるが、リン循環が適正でない

原　因

下記のいずれかの原因が考えられる。
・総細菌数は十分だが、ミネラル量が多い。
・総細菌数は十分だが、ミネラル量が少ない。
・総細菌数は十分だが、全リン (TP) が少ない。
・総細菌数は十分だがリン循環を担っている細菌数が少ない。
・pHが適正でない。

土壌の改善を行う場合、上記の各項目が「最適」になるよう、適切な資材選定と施肥・管理を行うことが重要です。
具体的な施肥設計をご要望の場合は、当機構までお問い合わせください（有償となります）。

表2．植物成長に影響する項目

測定項目	単位	実測値	低	適	高
◆全窒素 (TN (N))	(mg/kg)	811		650 ～ 1,500	
◆全リン (TP (P))	(mg/kg)	913		650 ～ 3,000	
◆全カリウム (TK (K))	(mg/kg)	2,333		2,000 ～ 10,000	

付録図 12　水田圃場3におけるパターン判定

SOFIX（土壌肥沃度指標）－水田

試料名 : 水田圃場 3

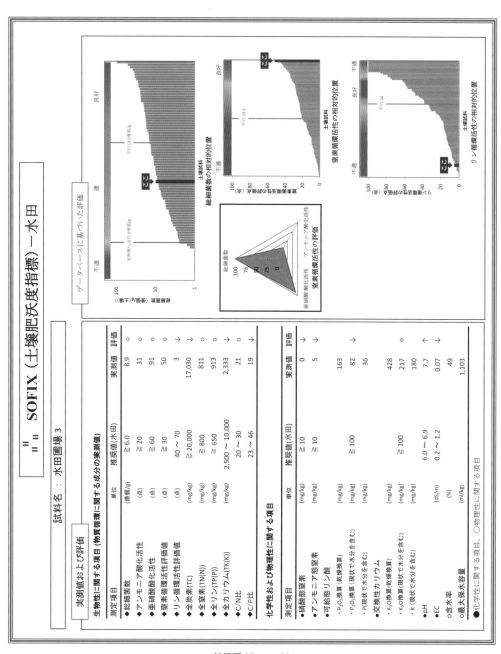

データベースに基づいた評価

実測値および評価

生物性に関する項目（物質循環に関する成分の実測値）

測定項目	単位	推奨値（水田）	実測値	評価
◆ 総細菌数	（億個/g）	≧ 6.0	8.9	○
◆ アンモニア酸化活性	（点）	≧ 20	31	○
◆ 亜硝酸酸化活性	（点）	≧ 60	91	○
◆ 窒素循環活性評価値	（点）	≧ 30	50	○
◆ リン循環活性評価値	（点）	40 ～ 70	3	→
◆ 全窒素(TN(N))	(mg/kg)	≧ 20,000	17,030	→
◆ 全窒素(TN(N))	(mg/kg)	≧ 800	811	○
◆ 全リン(TP(P))	(mg/kg)	≧ 650	913	→
◆ 全カリウム(TK(K))	(mg/kg)	2,500 ～ 10,000	2,333	→
◆ C/N比		20 ～ 30	21	○
◆ C/P比		23 ～ 46	19	→

化学性および物理性に関する項目

測定項目	単位	推奨値（水田）	実測値	評価
● 硝酸態窒素	(mg/kg)	≧ 10	0	→
● アンモニア態窒素	(mg/kg)	≧ 10	5	→
● 可給態リン酸				
・P₂O₅換算（乾燥換算）	(mg/kg)	≧ 100	163	
・P₂O₅換算（現状で水分を含む）	(mg/kg)		82	→
・P（現状で水分を含む）	(mg/kg)		36	
● 交換性カリウム				
・K₂O換算（乾燥換算）	(mg/kg)	≧ 100	428	
・K₂O換算（現状で水分を含む）	(mg/kg)		217	○
・K（現状で水分を含む）	(mg/kg)		180	
● pH		6.0 ～ 6.9	7.7	←
● EC	(dS/m)	0.2 ～ 1.2	0.07	→
○含水率	(%)		49	
○最大保水容量	(ml/kg)		1,103	

●化学性に関する項目、○物理性に関する項目

付録図 I2　つづき

⠇⠇ パターン判定－水田

評　価

試料名 ： 水田圃場 4

表 1．土壌肥沃度判定

測定項目	単位	実測値	低	適	高
◆総細菌数	(億個/g)	8.1		≧ 4.5	
◆全炭素 (TC)	(mg/kg)	37,287		≧ 13,000	
◆全窒素 (TN (N))	(mg/kg)	1,400		650 ～ 1,500	
◆窒素循環活性評価値	(点)	14	< 15		
◆リン循環活性評価値	(点)	0	< 20		
◆C/N比	-	27		15 ～ 30	

＜パターン4＞　　　　　　　　評価　＜B1＞

全炭素量(TC)・全窒素量(TN)は十分だが、物質循環活性が不適正

原　因

下記のいずれかの原因が考えられる。
・微生物の働きが悪い環境にある。
・総細菌数は十分だが全炭素量(TC)・全窒素量(TN)が少ない、またはそれらのバランスが悪い。
・総細菌数・全炭素量(TC)・全窒素量(TN)は十分だが、以下の原因が考えられる。
　　・pHが低い。
　　・水はけが悪い。
　　・ミネラルの過不足等。

土壌の改善を行う場合、上記の各項目が「最適」になるよう、適切な資材選定と施肥・管理を行うことが重要です。
具体的な施肥設計をご要望の場合は、当機構までお問い合わせください（有償となります）。

表 2．植物成長に影響する項目

測定項目	単位	実測値	低	適	高
◆全窒素 (TN (N))	(mg/kg)	1,400		650 ～ 1,500	
◆全リン (TP (P))	(mg/kg)	1,822		650 ～ 3,000	
◆全カリウム (TK (K))	(mg/kg)	4,029		2,000 ～ 10,000	

付録図 I3　水田圃場 4 におけるパターン判定

SOFIX（土壌肥沃度指標）－水田

試料名 ： 水田圃場 4

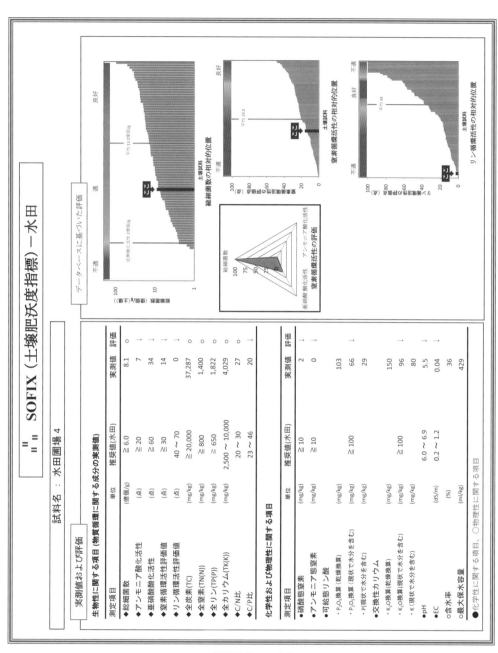

データベースに基づいた評価

実測値および評価

生物性に関する項目（物質循環に関する成分の実測値）

測定項目	単位	推奨値（水田）	実測値	評価
◆総細菌数	(億個/g)	≧ 6.0	8.1	○
◆アンモニア酸化活性	(点)	≧ 20	7	→
◆亜硝酸酸化活性	(点)	≧ 60	34	→
◆窒素循環活性評価値	(点)	≧ 30	14	→
◆リン循環活性評価値	(点)	40〜70	0	→
◆全炭素(TC)	(mg/kg)	≧ 20,000	37,287	○
◆全窒素(TN(N))	(mg/kg)	≧ 800	1,400	○
◆全リン(TP(P))	(mg/kg)	≧ 650	1,822	○
◆全カリウム(TK(K))	(mg/kg)	2,500〜10,000	4,029	○
◆C/N比		20〜30	27	○
◆C/P比		23〜46	20	—

化学性および物理性に関する項目

測定項目	単位	推奨値（水田）	実測値	評価
●硝酸態窒素	(mg/kg)	≧ 10	2	→
●アンモニア態窒素	(mg/kg)	≧ 10	0	→
●可給態リン酸				
・P_2O_5換算（乾燥換算）	(mg/kg)	≧ 100	103	
・P_2O_5換算（現状で水分を含む）	(mg/kg)		66	→
・P(現状で水分を含む)	(mg/kg)		29	
●交換性カリウム				
・K_2O換算（乾燥換算）	(mg/kg)	≧ 100	150	
・K_2O換算（現状で水分を含む）	(mg/kg)		96	→
・K(現状で水分を含む)	(mg/kg)		80	
●pH		6.0〜6.9	5.5	→
●EC	(dS/m)	0.2〜1.2	0.04	→
○含水率	(%)		36	
○最大保水容量	(ml/kg)		429	

●化学性に関する項目、○物理性に関する項目

付録図13 つづき

パターン判定－水田

評価

試料名 ： 水田圃場5

表1．土壌肥沃度判定

測定項目	単位	実測値	低	適	高
◆総細菌数	(億個/g)	10.3		≧ 4.5	
◆全炭素 (TC)	(mg/kg)	17,000		≧ 13,000	
◆全窒素 (TN (N))	(mg/kg)	450	< 650		
◆窒素循環活性評価値	(点)	16		≧ 15	
◆リン循環活性評価値	(点)	12	< 20		
◆C/N比	-	38			> 30

＜パターン5＞　　　　　　　　評価　＜B2＞

全窒素量(TN)が適切でない

原　因
全窒素量(TN)が低い場合、農産物の窒素消費が考えられる。
全窒素量(TN)が高い場合、窒素固定菌の増殖が考えられる。

土壌の改善を行う場合、上記の各項目が「最適」になるよう、適切な資材選定と施肥・管理を行うことが重要です。
具体的な施肥設計をご要望の場合は、当機構までお問い合わせください（有償となります）。

表2．植物成長に影響する項目

測定項目	単位	実測値	低	適	高
◆全窒素 (TN (N))	(mg/kg)	450	< 650		
◆全リン (TP (P))	(mg/kg)	850		650 ～ 3,000	
◆全カリウム (TK (K))	(mg/kg)	1,000	< 2,000		

付録図14 水田圃場5におけるパターン判定

ＳＯＦＩＸ（土壌肥沃度指標）－水田

試料名 ： 水田圃場5

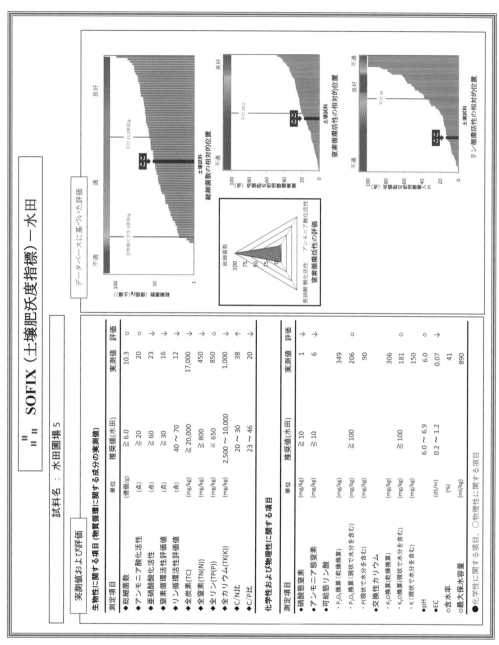

実測値および評価

生物性に関する項目（物質循環に関する成分の実測値）

測定項目	単位	推奨値(水田)	実測値	評価
◆総細菌数	(億個/g)	≧6.0	10.3	○
◆アンモニア酸化活性	(点)	≧20	20	○
◆亜硝酸酸化活性	(点)	≧60	23	→
◆窒素循環活性評価値	(点)	≧30	16	→
◆リン循環活性評価値	(点)	40～70	12	→
◆全炭素(TC)	(mg/kg)	≧20,000	17,000	→
◆全窒素(TN(N))	(mg/kg)	≧800	450	○
◆全リン(TP(P))	(mg/kg)	≧650	850	○
◆全カリウム(TK(K))	(mg/kg)	2,500～10,000	1,000	→
◆C/N比		20～30	38	←
◆C/P比		23～46	20	→

化学性および物理性に関する項目

測定項目	単位	推奨値(水田)	実測値	評価
●硝酸態窒素	(mg/kg)	≧10	1	→
●アンモニア態窒素	(mg/kg)	≧10	6	→
●可給態リン酸				
・P_2O_5換算（乾燥換算）	(mg/kg)		349	
・P_2O_5換算（現状で水分を含む）	(mg/kg)	≧100	206	○
・P(現状で水分を含む)	(mg/kg)		90	
●交換性カリウム				
・K_2O換算（乾燥換算）	(mg/kg)		306	
・K_2O換算（現状で水分を含む）	(mg/kg)	≧100	181	○
・K（現状で水分を含む）	(mg/kg)		150	
●pH		6.0～6.9	6.0	○
●EC	(dS/m)	0.2～1.2	0.07	→
●含水率	(%)		41	
●最大保水容量	(ml/kg)		890	

●化学性に関する項目、○物理性に関する項目

データベースに基づいた評価

付録図14　つづき

‖‖ パターン判定－水田

評　価

試料名 ： 水田圃場 6

表1．土壌肥沃度判定

測定項目	単位	実測値	低	適	高
◆総細菌数	(億個/g)	6.5		≧ 4.5	
◆全炭素 (TC)	(mg/kg)	6,500	< 13,000		
◆全窒素 (TN (N))	(mg/kg)	650		650 ～ 1,500	
◆窒素循環活性評価値	(点)	12	< 15		
◆リン循環活性評価値	(点)	30		20 ～ 60	
◆C/N比	-	10	< 15		

<パターン6>　　　　　　　　　評価　<B3>

総細菌数は十分だが、有機物が不足傾向

原　因
化学肥料を用いる化学農法のため、有機物の施肥が少ないと考えられる。

土壌の改善を行う場合、上記の各項目が「最適」になるよう、適切な資材選定と施肥・管理を行うことが重要です。
具体的な施肥設計をご要望の場合は、当機構までお問い合わせください（有償となります）。

表2．植物成長に影響する項目

測定項目	単位	実測値	低	適	高
◆全窒素 (TN (N))	(mg/kg)	650		650 ～ 1,500	
◆全リン (TP (P))	(mg/kg)	850		650 ～ 3,000	
◆全カリウム (TK (K))	(mg/kg)	1,200	< 2,000		

付録図 15　水田圃場 6 におけるパターン判定

= = SOFIX (土壌肥沃度指標) －水田

試料名 ： 水田圃場 6

実測値および評価

生物性に関する項目（物質循環に関する成分の実測値）

測定項目	単位	推奨値(水田)	実測値	評価
◆総細菌数	(億個/g)	≧6.0	6.5	○
◆アンモニア酸化活性	(点)	≧20	21	→
◆亜硝酸酸化活性	(点)	≧60	12	→
◆窒素循環活性評価値	(点)	≧30	12	→
◆リン循環活性評価値	(点)	40～70	30	→
◆全炭素(TC)	(mg/kg)	≧20,000	6,500	→
◆全窒素(TN(N))	(mg/kg)	≧800	650	○
◆全リン(TP(P))	(mg/kg)	≧650	850	○
◆全カリウム(TK(K))	(mg/kg)	2,500～10,000	1,200	→
◆C/N比		20～30	10	→
◆C/P比		23～46	8	→

化学性および物理性に関する項目

測定項目	単位	推奨値(水田)	実測値	評価
●硝酸態窒素	(mg/kg)	≧10	3	→
●アンモニア態窒素	(mg/kg)	≧10	4	→
●可給態リン酸	(mg/kg)		240	
・P_2O_5換算(乾燥換算)	(mg/kg)	≧100	153	○
・P現状(現状で水分を含む)	(mg/kg)		67	
●交換性カリウム	(mg/kg)		85	
・K_2O換算(乾燥換算)	(mg/kg)	≧100	54	→
・K現状(現状で水分を含む)	(mg/kg)		45	
○pH		6.0～6.9	5.9	→
○EC	(dS/m)	0.2～1.2	0.06	→
○含水率	(%)		36	
○最大保水容量	(ml/kg)		950	

●化学性に関する項目、○物理性に関する項目

データベースに基づいた評価

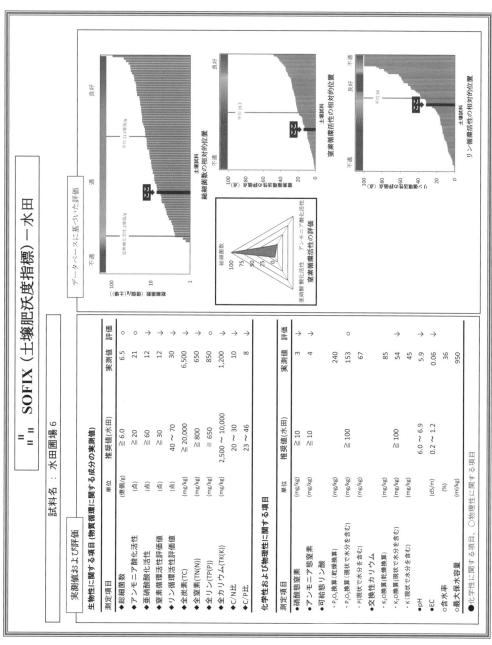

付録図 15　つづき

ꞏꞏꞏ パターン判定－水田

評　価

試料名 ： 水田圃場 7

表 1．土壌肥沃度判定

測定項目	単位	実測値	低	適	高
◆総細菌数	(億個/g)	0.5	< 4.5		
◆全炭素 (TC)	(mg/kg)	21,000		≧ 13,000	
◆全窒素 (TN (N))	(mg/kg)	950		650 ～ 1,500	
◆窒素循環活性評価値	(点)	1	< 15		
◆リン循環活性評価値	(点)	2	< 20		
◆C/N比	-	22		15 ～ 30	

<パターン7>　　　　　　　　評価　<C>

有機物量は十分だが、総細菌数が少ない傾向

原　因

下記のいずれかの原因が考えられる。
・全炭素量(TC)と全窒素量(TN)のバランスが悪い。
・耕耘が十分に行われていない。
・土壌燻蒸材等の農薬が残留している可能性がある。

土壌の改善を行う場合、上記の各項目が「最適」になるよう、適切な資材選定と施肥・管理を行うことが重要です。
具体的な施肥設計をご要望の場合は、当機構までお問い合わせください（有償となります）。

表 2．植物成長に影響する項目

測定項目	単位	実測値	低	適	高
◆全窒素 (TN (N))	(mg/kg)	950		650 ～ 1,500	
◆全リン (TP (P))	(mg/kg)	900		650 ～ 3,000	
◆全カリウム (TK (K))	(mg/kg)	1,500	< 2,000		

付録図 16　水田圃場 7 におけるパターン判定

＝＝ SOFIX (土壌肥沃度指標) —水田

試料名 ： 水田圃場 7

データベースに基づいた評価

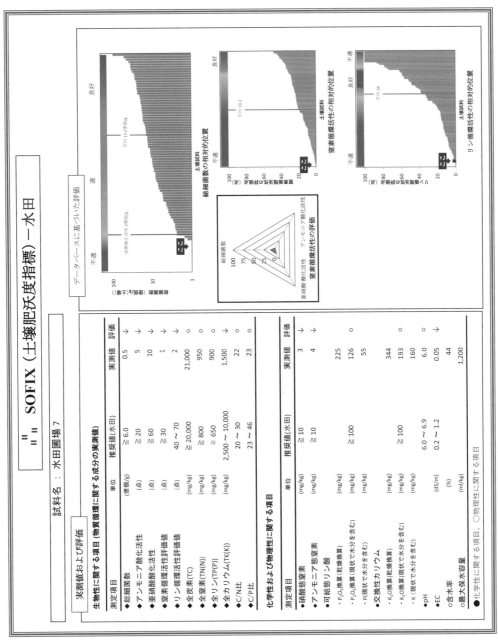

実測値および評価

生物性に関する項目 (物質循環に関する成分の実測値)

測定項目	単位	推奨値(水田)	実測値	評価
◆総細菌数	(億個/g)	≧ 6.0	0.5	→
◆アンモニア酸化活性	(点)	≧ 20	5	→
◆亜硝酸酸化活性	(点)	≧ 60	10	→
◆窒素循環活性評価値	(点)	≧ 30	1	→
◆リン循環活性評価値	(点)	40 ～ 70	2	→
◆全炭素(TC)	(mg/kg)	≧ 20,000	21,000	○
◆全窒素(TN(N))	(mg/kg)	≧ 800	950	○
◆全リン(TP(P))	(mg/kg)	≧ 650	900	○
◆全カリウム(TK(K))	(mg/kg)	2,500 ～ 10,000	1,500	→
◆C/N比		20 ～ 30	22	○
◆C/P比		23 ～ 46	23	○

化学性および物理性に関する項目

測定項目	単位	推奨値(水田)	実測値	評価
●硝酸態窒素	(mg/kg)	≧ 10	3	→
●アンモニア態窒素	(mg/kg)	≧ 10	4	→
●可給態リン酸				
・P₂O₅換算(乾燥換算)	(mg/kg)	≧ 100	225	
・P₂O₅換算(現状で水分を含む)	(mg/kg)		126	○
・P(現状で水分を含む)	(mg/kg)		55	
●交換性カリウム				
・K₂O換算(乾燥換算)	(mg/kg)	≧ 100	344	
・K₂O換算(現状で水分を含む)	(mg/kg)		193	○
・K(現状で水分を含む)	(mg/kg)		160	
●pH		6.0 ～ 6.9	6.0	○
●EC	(dS/m)	0.2 ～ 1.2	0.05	→
○含水率	(%)		44	
○最大保水容量	(ml/kg)		1,200	

●化学性に関する項目，○物理性に関する項目

付録図16　つづき

パターン判定－水田

| 評　価 |

試料名　：　水田圃場 8

表 1．土壌肥沃度判定

測定項目	単位	実測値	低	適	高
◆総細菌数	(億個/g)	n.d.	< 4.5		
◆全炭素 (TC)	(mg/kg)	19,000		≧ 13,000	
◆全窒素 (TN (N))	(mg/kg)	870		650 〜 1,500	
◆窒素循環活性評価値	(点)	0	< 15		
◆リン循環活性評価値	(点)	0	< 20		
◆C/N比	-	22		15 〜 30	

\<パターン8\>　　　　　評価　\<D\>

総細菌数が検出限界以下（n.d.　not detected）6.6×10^6cells/g 以下である

原　因

総細菌数がn.d.であるため、精密診断が必要である。

土壌の改善を行う場合、上記の各項目が「最適」になるよう、適切な資材選定と施肥・管理を行うことが重要です。
具体的な施肥設計をご要望の場合は、当機構までお問い合わせください（有償となります）。

表 2．植物成長に影響する項目

測定項目	単位	実測値	低	適	高
◆全窒素 (TN (N))	(mg/kg)	870		650 〜 1,500	
◆全リン (TP (P))	(mg/kg)	700		650 〜 3,000	
◆全カリウム (TK (K))	(mg/kg)	1,560	< 2,000		

付録図 17　水田圃場 8 におけるパターン判定

SOFIX（土壌肥沃度指標）－水田

試料名：水田圃場 8

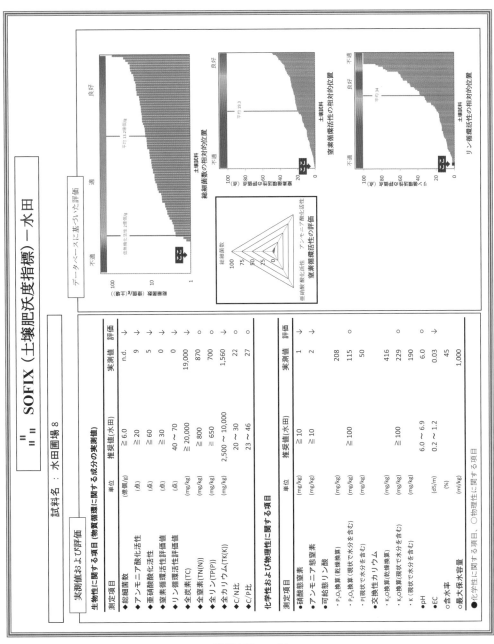

実測値および評価

生物性に関する項目（物質循環に関する成分の実測値）

測定項目	単位	推奨値（水田）	実測値	評価
◆総細菌数	（億個/g）	≧ 6.0	n.d.	→
◆アンモニア酸化活性	（点）	≧ 20	9	→
◆亜硝酸酸化活性	（点）	≧ 60	5	→
◆窒素循環活性評価値	（点）	≧ 30	0	→
◆リン循環活性評価値	（点）	40 ～ 70	0	→
◆全炭素（TC）	（mg/kg）	≧ 20,000	19,000	○
◆全窒素（TN(N)）	（mg/kg）	≧ 800	870	○
◆全リン（TP(P)）	（mg/kg）	≧ 650	700	○
◆全カリウム（TK(K)）	（mg/kg）	2,500 ～ 10,000	1,560	→
◆C/N比		20 ～ 30	22	○
◆C/P比		23 ～ 46	27	○

化学性および物理性に関する項目

測定項目	単位	推奨値（水田）	実測値	評価
●硝酸態窒素	（mg/kg）	≧ 10	1	→
●アンモニア態窒素	（mg/kg）	≧ 10	2	→
●可給態リン酸				
・P₂O₅換算（乾燥換算）	（mg/kg）		208	
・P₂O₅換算（現状で水分を含む）	（mg/kg）	≧ 100	115	○
・P（現状で水分を含む）	（mg/kg）		50	
●交換性カリウム				
・K₂O換算（乾燥換算）	（mg/kg）		416	
・K₂O換算（現状で水分を含む）	（mg/kg）	≧ 100	229	○
・K（現状で水分を含む）	（mg/kg）		190	
●pH		6.0 ～ 6.9	6.0	○
●EC	（dS/m）	0.2 ～ 1.2	0.03	→
●含水率	（%）		45	
●最大保水容量	（ml/kg）		1,000	

●化学性に関する項目，○物理性に関する項目

付録図 17　つづき

ᵒᵧ᛫ パターン判定－樹園地/果樹

評　価

試料名 ： 樹園地圃場 1

表 1．土壌肥沃度判定

測定項目	単位	実測値	低	適	高
◆総細菌数	(億個/g)	13.0		≧ 4.5	
◆全炭素 (TC)	(mg/kg)	45,000		15,000 ～ 80,000	
◆全窒素 (TN (N))	(mg/kg)	1,900		≧ 1,000	
◆窒素循環活性評価値	(点)	100		≧ 25	
◆リン循環活性評価値	(点)	50		30 ～ 80	
◆C/N比	-	24		10 ～ 27	

＜パターン1＞　　　　　　評価　＜特A＞

良好な有機土壌環境

原　因
非常にバランスのとれた有機環境土壌になっている。適切な管理により維持することが重要である。

土壌の改善を行う場合、上記の各項目が「最適」になるよう、適切な資材選定と施肥・管理を行うことが重要です。
具体的な施肥設計をご要望の場合は、当機構までお問い合わせください（有償となります）。

表 2．植物成長に影響する項目

測定項目	単位	実測値	低	適	高
◆全窒素 (TN (N))	(mg/kg)	1,900		≧ 1,000	
◆全リン (TP (P))	(mg/kg)	4,500		≧ 1,100	
◆全カリウム (TK (K))	(mg/kg)	3,560		2,000 ～ 10,000	

付録図 18　樹園地 I におけるパターン判定

SOFIX（土壌肥沃度指標）－樹園地/果樹

試料名：樹園地圃場 1

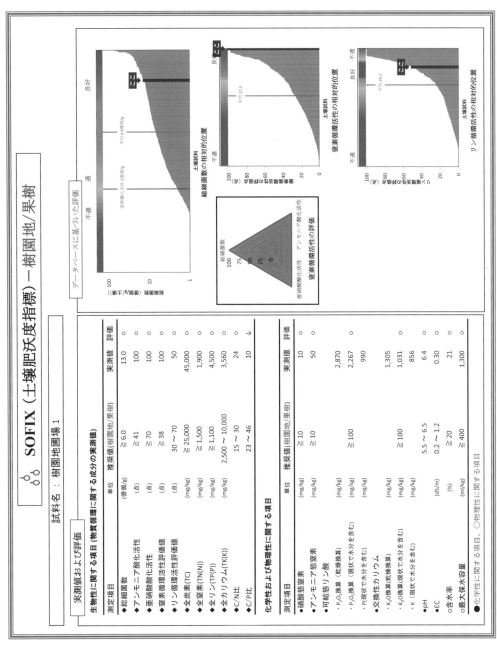

実測値および評価

生物性に関する項目（物質循環に関する成分の実測値）

測定項目	単位	推奨値（樹園地/果樹）	実測値	評価
◆総細菌数	(億個/g)	≧ 6.0	13.0	○
◆アンモニア酸化活性	(点)	≧ 41	100	○
◆亜硝酸酸化活性	(点)	≧ 70	100	○
◆窒素循環活性評価値	(点)	30 〜 70	50	○
◆リン循環活性評価値	(点)	≧ 25,000	45,000	○
◆全炭素(TC)	(mg/kg)	≧ 1,500	1,900	○
◆全窒素(TN(N))	(mg/kg)	≧ 1,100	4,500	○
◆全リン(TP(P))	(mg/kg)	2,500 〜 10,000	3,560	○
◆全カリウム(TK(K))	(mg/kg)	15 〜 30	24	○
◆C/N比		23 〜 46	10	↓
◆C/P比				

化学性および物理性に関する項目

測定項目	単位	推奨値（樹園地/果樹）	実測値	評価
●硝酸態窒素	(mg/kg)	≧ 10	10	○
●アンモニア態窒素	(mg/kg)	≧ 10	50	○
●可給態リン酸				
・P₂O₅換算（乾燥換算）	(mg/kg)		2,870	
・P₂O₅換算（現状で水分を含む）	(mg/kg)	≧ 100	2,267	○
・P(現状で水分を含む)	(mg/kg)		990	
●交換性カリウム				
・K₂O換算(乾燥換算)	(mg/kg)		1,305	
・K₂O換算(現状で水分を含む)	(mg/kg)	≧ 100	1,031	○
・K（現状で水分を含む)	(mg/kg)		856	
●pH		5.5 〜 6.5	6.4	○
●EC	(dS/m)	0.2 〜 1.2	0.30	○
○含水率	(%)	≧ 20	21	○
○最大保水容量	(ml/kg)	≧ 400	1,300	○

●化学性に関する項目、○物理性に関する項目

付録図 18　つづき

♀♂ パターン判定－樹園地/果樹

評 価

試料名 ： 樹園地圃場 2

表 1．土壌肥沃度判定

測定項目	単位	実測値	低	適	高
◆総細菌数	(億個/g)	12.0		≧ 4.5	
◆全炭素 (TC)	(mg/kg)	52,000		15,000 ～ 80,000	
◆全窒素 (TN (N))	(mg/kg)	1,200		≧ 1,000	
◆窒素循環活性評価値	(点)	51		≧ 25	
◆リン循環活性評価値	(点)	30		30 ～ 80	
◆C/N比	-	43			> 27

<パターン2>　　　　　　　　　評価　　<A1>

基本的に良好な有機土壌環境であるが、有機物がやや蓄積傾向でバランスが悪い

原　因
全炭素量(TC)と全窒素量(TN)の比率が適切でない。C/N比が10～27の範囲に改善することが重要である。

土壌の改善を行う場合、上記の各項目が「最適」になるよう、適切な資材選定と施肥・管理を行うことが重要です。
具体的な施肥設計をご要望の場合は、当機構までお問い合わせください（有償となります）。

表 2．植物成長に影響する項目

測定項目	単位	実測値	低	適	高
◆全窒素 (TN (N))	(mg/kg)	1,200		≧ 1,000	
◆全リン (TP (P))	(mg/kg)	5,600		≧ 1,100	
◆全カリウム (TK (K))	(mg/kg)	3,100		2,000 ～ 10,000	

付録図 19　樹園地 2 におけるパターン判定

SOFIX（土壌肥沃度指標）－樹園地/果樹

試料名 : 樹園地圃場 2

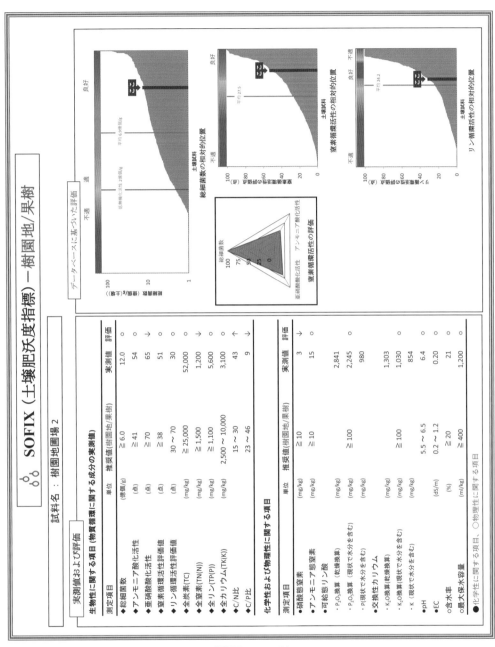

実測値および評価

生物性に関する項目（物質循環に関する成分の実測値）

測定項目	単位	推奨値（樹園地/果樹）	実測値	評価
◆総細菌数	（億個/g）	≧ 6.0	12.0	○
◆アンモニア酸化活性	（点）	≧ 41	54	○
◆亜硝酸酸化活性	（点）	≧ 70	65	→
◆窒素循環活性評価値	（点）	≧ 38	51	○
◆リン循環活性評価値	（点）	30 ～ 70	30	○
◆全炭素(TC)	(mg/kg)	≧ 25,000	52,000	○
◆全窒素(TN(N))	(mg/kg)	≧ 1,500	1,200	→
◆全リン(TP(P))	(mg/kg)	≧ 1,100	5,600	○
◆全カリウム(TK(K))	(mg/kg)	2,500 ～ 10,000	3,100	○
◆C/N比		15 ～ 30	43	↑
◆C/P比		23 ～ 46	9	→

化学性および物理性に関する項目

測定項目	単位	推奨値（樹園地/果樹）	実測値	評価
●硝酸態窒素	(mg/kg)	≧ 10	3	→
●アンモニア態窒素	(mg/kg)	≧ 10	15	○
●可給態リン酸	(mg/kg)		2,841	
・P_2O_5換算（乾物換算）	(mg/kg)	≧ 100	2,245	○
・P(現状で水分を含む）	(mg/kg)		980	
●交換性カリウム	(mg/kg)		1,303	
・K_2O換算（乾物換算）	(mg/kg)	≧ 100	1,030	○
・K（現状で水分を含む）	(mg/kg)		854	
●pH		5.5 ～ 6.5	6.4	○
●EC	(dS/m)	0.2 ～ 1.2	0.20	○
●含水率	(%)	≧ 20	21	○
●最大保水容量	(ml/kg)	≧ 400	1,200	○

●化学性に関する項目、○物理性に関する項目

付録図 19　つづき

♂♀ パターン判定－樹園地/果樹

| 評 価 |

試料名 ： 樹園地圃場3

表1．土壌肥沃度判定

測定項目	単位	実測値	低	適	高
◆総細菌数	(億個/g)	19.0		≧ 4.5	
◆全炭素 (TC)	(mg/kg)	49,000		15,000 ～ 80,000	
◆全窒素 (TN (N))	(mg/kg)	1,900		≧ 1,000	
◆窒素循環活性評価値	(点)	58		≧ 25	
◆リン循環活性評価値	(点)	0	< 30		
◆C/N比	-	26		10 ～ 27	

<パターン3>　　　　　　評価　<A2>

基本的に良好な有機土壌環境であるが、リン循環が適正でない

原　因

下記のいずれかの原因が考えられる。
・総細菌数は十分だが、ミネラル量が多い。
・総細菌数は十分だが、ミネラル量が少ない。
・総細菌数は十分だが、全リン(TP)が少ない。
・総細菌数は十分だがリン循環を担っている細菌数が少ない。
・pHが適正でない。

土壌の改善を行う場合、上記の各項目が「最適」になるよう、適切な資材選定と施肥・管理を行うことが重要です。
具体的な施肥設計をご要望の場合は、当機構までお問い合わせください（有償となります）。

表2．植物成長に影響する項目

測定項目	単位	実測値	低	適	高
◆全窒素 (TN (N))	(mg/kg)	1,900		≧ 1,000	
◆全リン (TP (P))	(mg/kg)	4,530		≧ 1,100	
◆全カリウム (TK (K))	(mg/kg)	4,900		2,000 ～ 10,000	

付録図20　樹園地3におけるパターン判定

SOFIX（土壌肥沃度指標）－樹園地/果樹

試料名 ： 樹園地圃場 3

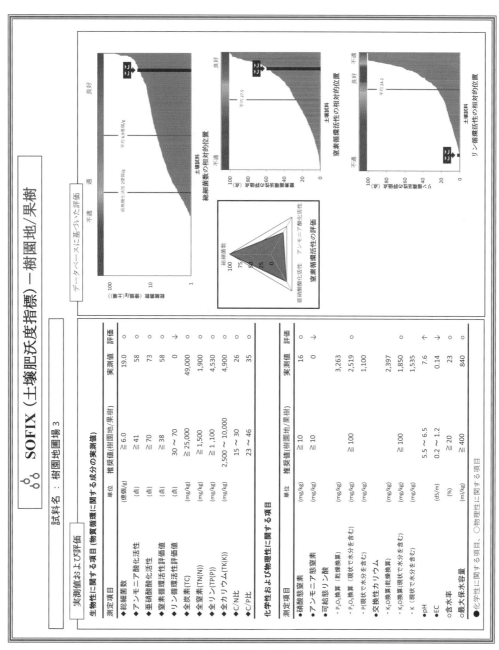

データベースに基づいた評価

実測値および評価

生物性に関する項目 (物質循環に関する成分の実測値)

測定項目	単位	推奨値(樹園地/果樹)	実測値	評価
◆総細菌数	(億個/g)	≧ 6.0	19.0	○
◆アンモニア酸化活性	(点)	≧ 41	58	○
◆亜硝酸酸化活性	(点)	≧ 70	73	○
◆窒素循環活性評価値	(点)	≧ 38	58	○
◆リン循環活性評価値	(点)	30 ～ 70	0	↓
◆全炭素(TC)	(mg/kg)	≧ 25,000	49,000	○
◆全窒素(TN(N))	(mg/kg)	≧ 1,500	1,900	○
◆全リン(TP(P))	(mg/kg)	≧ 1,100	4,530	○
◆全カリウム(TK(K))	(mg/kg)	2,500 ～ 10,000	4,900	○
◆C/N比		15 ～ 30	26	○
◆C/P比		23 ～ 46	35	○

化学性および物理性に関する項目

測定項目	単位	推奨値(樹園地/果樹)	実測値	評価
●硝酸態窒素	(mg/kg)	≧ 10	16	○
●アンモニア態窒素	(mg/kg)	≧ 10	0	↓
●可給態リン酸	(mg/kg)		3,263	○
・P₂O₅換算（乾燥質量）	(mg/kg)	≧ 100	2,519	○
・P(現状で水分を含む)	(mg/kg)		1,100	
●交換性カリウム	(mg/kg)		2,397	
・K₂O換算（乾燥質量）	(mg/kg)	≧ 100	1,850	○
・K₂O換算(現状で水分を含む)	(mg/kg)		1,535	
・K（現状で水分を含む）				
●pH		5.5 ～ 6.5	7.6	↑
●EC	(dS/m)	0.2 ～ 1.2	0.14	↓
○含水率	(%)	≧ 20	23	○
○最大保水容量	(ml/kg)	≧ 400	840	○

●化学性に関する項目，○物理性に関する項目

付録図 20　つづき

⚙ パターン判定－樹園地/果樹

> 評　価

試料名 ： 樹園地圃場 4

表 1．土壌肥沃度判定

測定項目	単位	実測値	低	適	高
◆総細菌数	(億個/g)	10.0		≧ 4.5	
◆全炭素 (TC)	(mg/kg)	32,000		15,000 ～ 80,000	
◆全窒素 (TN (N))	(mg/kg)	1,047		≧ 1,000	
◆窒素循環活性評価値	(点)	19	< 25		
◆リン循環活性評価値	(点)	12	< 30		
◆C/N比	-	31			> 27

<パターン4>　　　　　　　評価　　<B1>

全炭素量(TC)・全窒素量(TN)は十分だが、物質循環活性が不適正

原　因
下記のいずれかの原因が考えられる。
・微生物の働きが悪い環境にある。
・総細菌数は十分だが全炭素量(TC)・全窒素量(TN)が少ない、またはそれらのバランスが悪い。
・総細菌数・全炭素量(TC)・全窒素量(TN)は十分だが、以下の原因が考えられる。
　　・pHが低い。
　　・水はけが悪い。
　　・ミネラルの過不足等。

土壌の改善を行う場合、上記の各項目が「最適」になるよう、適切な資材選定と施肥・管理を行うことが重要です。
具体的な施肥設計をご要望の場合は、当機構までお問い合わせください（有償となります）。

表 2．植物成長に影響する項目

測定項目	単位	実測値	低	適	高
◆全窒素 (TN (N))	(mg/kg)	1,047		≧ 1,000	
◆全リン (TP (P))	(mg/kg)	3,100		≧ 1,100	
◆全カリウム (TK (K))	(mg/kg)	5,600		2,000 ～ 10,000	

付録図 21　樹園地 4 におけるパターン判定

SOFIX（土壌肥沃度指標）—樹園地/果樹

試料名 ： 樹園地圃場 4

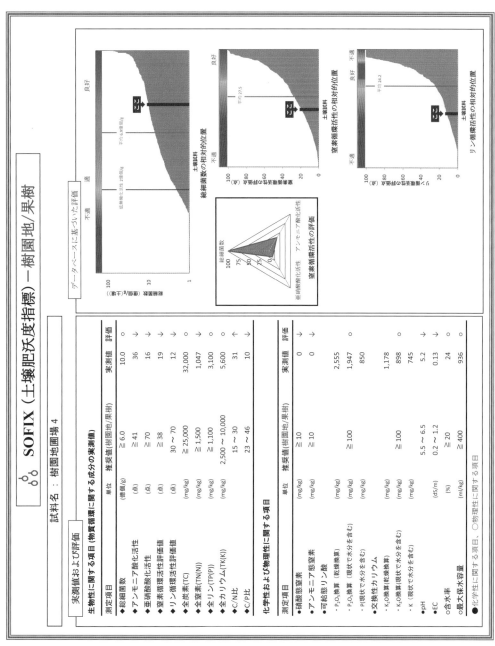

実測値および評価

生物性に関する項目（物質循環に関する成分の実測値）

測定項目	単位	推奨値(樹園地/果樹)	実測値	評価
◆総細菌数	(億個/g)	≧ 6.0	10.0	○
◆アンモニア酸化活性	(点)	≧ 41	36	→
◆亜硝酸酸化活性	(点)	≧ 70	16	→
◆窒素循環活性評価値	(点)	≧ 38	19	→
◆リン循環活性評価値	(点)	30 ～ 70	12	→
◆全炭素(TC)	(mg/kg)	≧ 25,000	32,000	○
◆全窒素(TN(N))	(mg/kg)	≧ 1,500	1,047	→
◆全リン(TP(P))	(mg/kg)	≧ 1,100	3,100	○
◆全カリウム(TK(K))	(mg/kg)	2,500 ～ 10,000	5,600	○
◆C/N比		15 ～ 30	31	←
◆C/P比		23 ～ 46	10	→

化学性および物理性に関する項目

測定項目	単位	推奨値(樹園地/果樹)	実測値	評価
●硝酸態窒素	(mg/kg)	≧ 10	0	→
●アンモニア態窒素	(mg/kg)	≧ 10	0	→
●可給態リン酸	(mg/kg)		2,555	
・P₂O₅換算 (乾物換算)	(mg/kg)	≧ 100	1,947	○
・P(現状で水分を含む)	(mg/kg)		850	
●交換性カリウム	(mg/kg)		1,178	
・K₂O換算 (乾物換算)	(mg/kg)	≧ 100	898	○
・K₂O換算(現状で水分を含む)	(mg/kg)		745	
・K (現状で水分を含む)	(mg/kg)			→
●pH		5.5 ～ 6.5	5.2	→
●EC	(dS/m)	0.2 ～ 1.2	0.13	→
○含水率	(%)	≧ 20	24	○
○最大保水容量	(ml/kg)	≧ 400	936	○

●化学性に関する項目、○物理性に関する項目

付録図 21　つづき

パターン判定－樹園地/果樹

評　価

試料名 ： 樹園地圃場 5

表 1．土壌肥沃度判定

測定項目	単位	実測値	低	適	高
◆総細菌数	(億個/g)	6.2		≧ 4.5	
◆全炭素 (TC)	(mg/kg)	21,000		15,000 〜 80,000	
◆全窒素 (TN (N))	(mg/kg)	470	< 1,000		
◆窒素循環活性評価値	(点)	20	< 25		
◆リン循環活性評価値	(点)	21	< 30		
◆C/N比	-	45			> 27

<パターン5>　　　　　　　　　　評価　　<B2>

全窒素量(TN)が不足傾向

原　因
農産物による窒素の消費、または雨水などによる流出が考えられる。

土壌の改善を行う場合、上記の各項目が「最適」になるよう、適切な資材選定と施肥・管理を行うことが重要です。
具体的な施肥設計をご要望の場合は、当機構までお問い合わせください（有償となります）。

表 2．植物成長に影響する項目

測定項目	単位	実測値	低	適	高
◆全窒素 (TN (N))	(mg/kg)	470	< 1,000		
◆全リン (TP (P))	(mg/kg)	2,670		≧ 1,100	
◆全カリウム (TK (K))	(mg/kg)	7,800		2,000 〜 10,000	

付録図 22　樹園地 5 におけるパターン判定

SOFIX（土壌肥沃度指標）－樹園地/果樹

試料名：樹園地圃場5

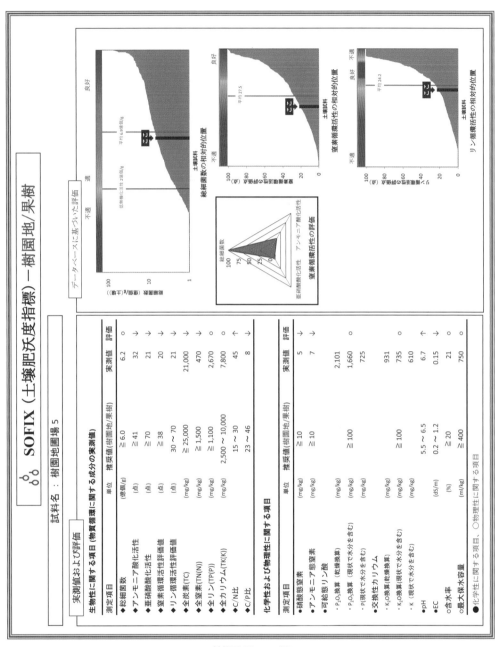

実測値および評価

生物性に関する項目（物質循環に関する成分の実測値）

測定項目	単位	推奨値（樹園地/果樹）	実測値	評価
◆総細菌数	（億個/g）	≧6.0	6.2	○
◆アンモニア酸化活性	（点）	≧41	32	→
◆亜硝酸酸化活性	（点）	≧70	21	→
◆窒素循環活性評価値	（点）	≧38	20	→
◆リン循環活性評価値	（点）	30～70	21	→
◆全炭素（TC）	（mg/kg）	≧25,000	21,000	→
◆全窒素（TN(N)）	（mg/kg）	≧1,500	470	○
◆全リン（TP(P)）	（mg/kg）	≧1,100	2,670	○
◆全カリウム（TK(K)）	（mg/kg）	2,500～10,000	7,800	←
◆C/N比		15～30	45	↑
◆C/P比		23～46	8	→

化学性および物理性に関する項目

測定項目	単位	推奨値（樹園地/果樹）	実測値	評価
◆硝酸態窒素	（mg/kg）	≧10	5	→
◆アンモニア態窒素	（mg/kg）	≧10	7	→
◆可給態リン酸				
・P₂O₅換算（乾燥値）	（mg/kg）		2,101	
・P₂O₅換算（現状で水分を含む）	（mg/kg）	≧100	1,660	○
・P（現状で水分を含む）	（mg/kg）		725	
◆交換性カリウム				
・K₂O換算（乾燥値）	（mg/kg）		931	
・K₂O換算（現状で水分を含む）	（mg/kg）	≧100	735	○
・K（現状で水分を含む）	（mg/kg）		610	
●pH		5.5～6.5	6.7	←
●EC	（dS/m）	0.2～1.2	0.15	→
○含水率	（%）	≧20	21	○
○最大保水容量	（ml/kg）	≧400	750	○

●化学性に関する項目、○物理性に関する項目

付録図22　つづき

♂️ パターン判定－樹園地/果樹

評　価

試料名 ： 樹園地圃場6

表1. 土壌肥沃度判定

測定項目	単位	実測値	低	適	高
◆総細菌数	(億個/g)	5.6		≧ 4.5	
◆全炭素 (TC)	(mg/kg)	9,755	< 15,000		
◆全窒素 (TN (N))	(mg/kg)	476	< 1,000		
◆窒素循環活性評価値	(点)	19	< 25		
◆リン循環活性評価値	(点)	3	< 30		
◆C/N比	-	20		10 ～ 27	

<パターン6>　　　評価　<B3>

総細菌数は十分だが、全炭素量(TC)が適切でない

原　因
全炭素量(TC)が低い場合、化学肥料・農薬を用いる化学農法によるもの、または新規農地等が考えられる。全炭素量(TC)が高い場合、落葉により、有機物が蓄積されていると考えられる。

土壌の改善を行う場合、上記の各項目が「最適」になるよう、適切な資材選定と施肥・管理を行うことが重要です。
具体的な施肥設計をご要望の場合は、当機構までお問い合わせください（有償となります）。

表2. 植物成長に影響する項目

測定項目	単位	実測値	低	適	高
◆全窒素 (TN (N))	(mg/kg)	476	< 1,000		
◆全リン (TP (P))	(mg/kg)	5,400		≧ 1,100	
◆全カリウム (TK (K))	(mg/kg)	4,500		2,000 ～ 10,000	

付録図 23 樹園地6におけるパターン判定

♂♀♂ SOFIX（土壌肥沃度指標）－樹園地/果樹

試料名：樹園地圃場 6

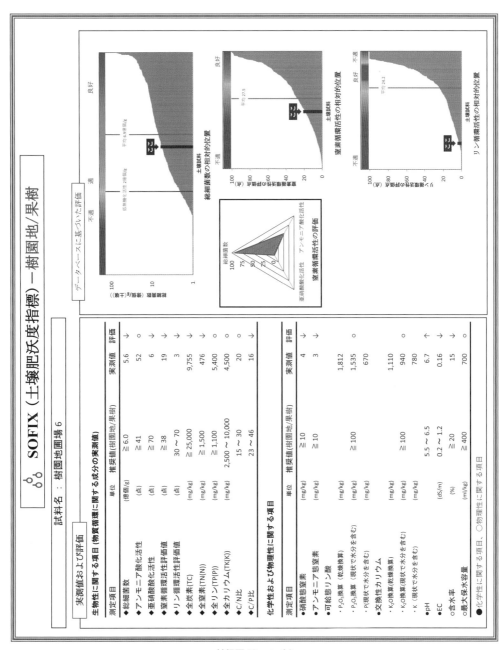

データベースに基づいた評価

実測値および評価

生物性に関する項目 (物質循環に関する実測値)

測定項目	単位	推奨値(樹園地/果樹)	実測値	評価
◆総細菌数	(億個/g)	≧6.0	5.6	→
◆アンモニア酸化活性	(点)	≧41	52	○
◆亜硝酸酸化活性	(点)	≧70	6	→
◆窒素循環活性評価値	(点)	≧38	19	→
◆リン循環活性評価値	(点)	30～70	3	→
◆全炭素(TC)	(mg/kg)	≧25,000	9,755	→
◆全窒素(TN(N))	(mg/kg)	≧1,500	476	○
◆全リン(TP(P))	(mg/kg)	≧1,100	5,400	○
◆全カリウム(TK(K))	(mg/kg)	2,500～10,000	4,500	○
◆C/N比		15～30	20	○
◆C/P比		23～46	16	→

化学性および物理性に関する項目

測定項目	単位	推奨値(樹園地/果樹)	実測値	評価
◆硝酸態窒素	(mg/kg)	≧10	4	→
◆アンモニア態窒素	(mg/kg)	≧10	3	→
◆可給態リン酸				
・P_2O_5換算（乾物換算）	(mg/kg)		1,812	
・P_2O_5換算（現状で水分を含む）	(mg/kg)	≧100	1,535	○
・P(現状で水分を含む)	(mg/kg)		670	
◆交換性カリウム				
・K_2O換算(乾物換算)	(mg/kg)		1,110	
・K_2O換算(現状で水分を含む)	(mg/kg)	≧100	940	○
・K (現状で水分を含む)	(mg/kg)		780	
◆pH		5.5～6.5	6.7	←
◆EC	(dS/m)	0.2～1.2	0.16	→
○含水率	(%)	≧20	15	→
○最大保水容量	(ml/100g)	≧400	700	○

◆化学性に関する項目、○物理性に関する項目

付録図 23　つづき

パターン判定－樹園地/果樹

評　価

試料名 ： 樹園地圃場 7

表１．土壌肥沃度判定

測定項目	単位	実測値	低	適	高
◆総細菌数	(億個/g)	2.0	< 4.5		
◆全炭素 (TC)	(mg/kg)	17,000		15,000 ～ 80,000	
◆全窒素 (TN (N))	(mg/kg)	609	< 1,000		
◆窒素循環活性評価値	(点)	3	< 25		
◆リン循環活性評価値	(点)	0	< 30		
◆C/N比	-	18		10 ～ 27	

＜パターン7＞   評価   ＜C＞

有機物量は十分だが、総細菌数が少ない傾向

原　因
下記のいずれかの原因が考えられる。
・全炭素量(TC)と全窒素量(TN)のバランスが悪い。
・耕耘が十分に行われていない。
・土壌燻蒸材等の農薬が残留している可能性がある。

土壌の改善を行う場合、上記の各項目が「最適」になるよう、適切な資材選定と施肥・管理を行うことが重要です。
具体的な施肥設計をご要望の場合は、当機構までお問い合わせください（有償となります）。

表２．植物成長に影響する項目

測定項目	単位	実測値	低	適	高
◆全窒素 (TN (N))	(mg/kg)	609	< 1,000		
◆全リン (TP (P))	(mg/kg)	2,207		≧ 1,100	
◆全カリウム (TK (K))	(mg/kg)	2,570		2,000 ～ 10,000	

付録図 24　樹園地 7 におけるパターン判定

♂♂ SOFIX (土壌肥沃度指標) －樹園地/果樹

試料名 ： 樹園地圃場 7

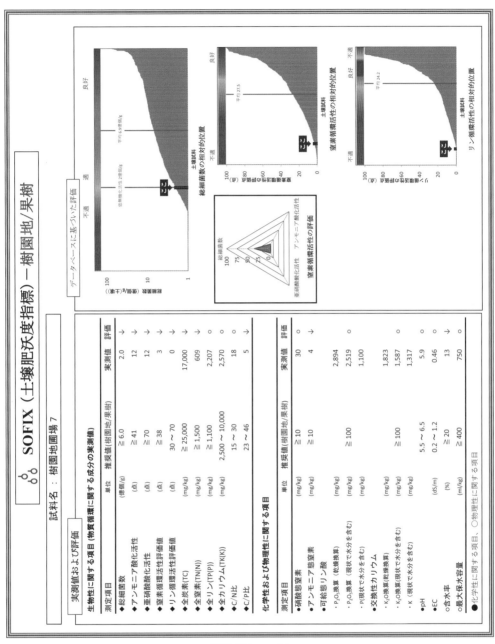

データベースに基づいた評価

実測値および評価

生物性に関する項目 (物質循環に関する成分の実測値)

測定項目	単位	推奨値 (樹園地/果樹)	実測値	評価
◆総細菌数	(億個/g)	≧6.0	2.0	↓
▶アンモニア酸化活性	(点)	≧41	12	↓
◆亜硝酸酸化活性	(点)	≧70	12	↓
◆窒素循環活性評価値	(点)	≧38	3	↓
◆リン循環活性評価値	(点)	30〜70	0	↓
◆全炭素(TC)	(mg/kg)	≧25,000	17,000	↓
◆全窒素(TN(N))	(mg/kg)	≧1,500	609	○
◆全リン(TP(P))	(mg/kg)	≧1,100	2,207	○
◆全カリウム(TK(K))	(mg/kg)	2,500〜10,000	2,570	○
◆C/N比		15〜30	18	○
◆C/P比		23〜46	5	↓

化学性および物理性に関する項目

測定項目	単位	推奨値 (樹園地/果樹)	実測値	評価
●硝酸態窒素	(mg/kg)	≧10	30	○
●アンモニア態窒素	(mg/kg)	≧10	4	↓
●可給態リン酸	(mg/kg)		2,894	
・P₂O₅換算 (乾燥換算)	(mg/kg)	≧100	2,519	○
・P(現状で水分を含む)	(mg/kg)		1,100	
●交換性カリウム			1,823	
・K₂O換算(乾燥換算)	(mg/kg)	≧100	1,587	○
・K(現状で水分を含む)	(mg/kg)		1,317	
●pH		5.5〜6.5	5.9	○
●EC	(dS/m)	0.2〜1.2	0.46	○
○含水率	(%)	≧20	13	↓
○最大保水容量	(ml/kg)	≧400	750	○

●化学性に関する項目、○物理性に関する項目

付録図 24　つづき

⚙ パターン判定－樹園地/果樹

| 評　価 |

試料名 ： 樹園地圃場8

表1．土壌肥沃度判定

測定項目	単位	実測値	低	適	高
◆総細菌数	(億個/g)	n.d.	< 4.5		
◆全炭素 (TC)	(mg/kg)	25,000		15,000 ～ 80,000	
◆全窒素 (TN (N))	(mg/kg)	700	< 1,000		
◆窒素循環活性評価値	(点)	0	< 25		
◆リン循環活性評価値	(点)	0	< 30		
◆C/N比	-	18		10 ～ 27	

<パターン8>　　　　　　　評価　　<D>

総細菌数が検出限界以下（n.d.　not detected）6.6×10^6cells/g 以下である

原　因

総細菌数がn.d.であるため、精密診断が必要である。

土壌の改善を行う場合、上記の各項目が「最適」になるよう、適切な資材選定と施肥・管理を行うことが重要です。
具体的な施肥設計をご要望の場合は、当機構までお問い合わせください（有償となります）。

表2．植物成長に影響する項目

測定項目	単位	実測値	低	適	高
◆全窒素 (TN (N))	(mg/kg)	700	< 1,000		
◆全リン (TP (P))	(mg/kg)	2,300		≧ 1,100	
◆全カリウム (TK (K))	(mg/kg)	2,560		2,000 ～ 10,000	

付録図 25　樹園地8におけるパターン判定

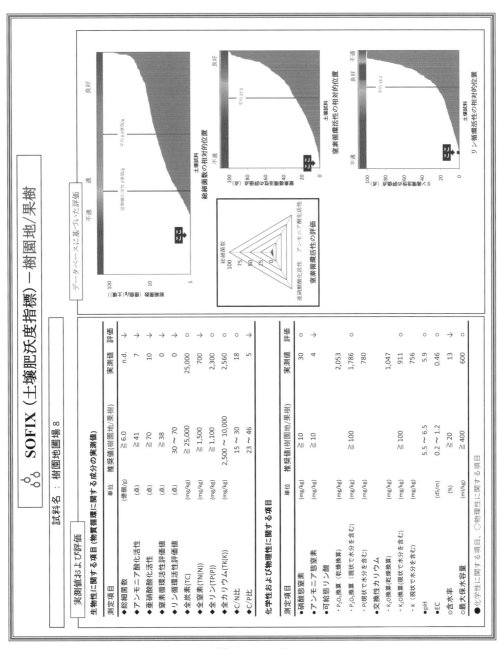

SOFIX（土壌肥沃度指標）－樹園地/果樹

試料名 ： 樹園地圃場 8

実測値および評価

生物性に関する項目 (物質循環に関する成分の実測値)

測定項目	単位	推奨値 (樹園地/果樹)	実測値	評価
総細菌数	(億個/g)	≧ 6.0	n.d.	→
◆アンモニア酸化活性	(点)	≧ 41	7	→
◆亜硝酸酸化活性	(点)	≧ 70	10	→
◆窒素循環活性評価値	(点)	≧ 38	0	→
◆リン循環活性評価値	(点)	30 〜 70	0	→
◆全炭素(TC)	(mg/kg)	≧ 25,000	25,000	○
◆全窒素(TN(N))	(mg/kg)	≧ 1,500	700	→
◆全リン(TP(P))	(mg/kg)	≧ 1,100	2,300	○
◆全カリウム(TK(K))	(mg/kg)	2,500 〜 10,000	2,560	○
◆C/N比		15 〜 30	18	○
◆C/P比		23 〜 46	5	→

化学性および物理性に関する項目

測定項目	単位	推奨値 (樹園地/果樹)	実測値	評価
•硝酸態窒素	(mg/kg)	≧ 10	30	○
•アンモニア態窒素	(mg/kg)	≧ 10	4	→
•可給態リン酸	(mg/kg)		2,053	
・P₂O₅換算 (乾燥換算)	(mg/kg)	≧ 100	1,786	○
・P(現状で水分を含む)	(mg/kg)		780	
•交換性カリウム	(mg/kg)		1,047	
・K₂O換算(乾燥換算)	(mg/kg)	≧ 100	911	○
・K (現状で水分を含む)	(mg/kg)		756	
•pH		5.5 〜 6.5	5.9	○
•EC	(dS/m)	0.2 〜 1.2	0.46	○
•含水率	(%)	≧ 20	13	→
•最大保水容量	(ml/kg)	≧ 400	600	○

●化学性に関する項目、○物理性に関する項目

付録図 25　つづき

第4章
SOFIX 物質循環型農業の実践

4.1 土づくりおよび施肥設計の手順

SOFIX 分析結果から，「**土壌中にどのような有機成分がどの程度不足しているか**」，「**各成分のバランスに問題ないか**」，また「**生物活性が十分に機能しているか**」，などさまざまな情報が得られる．これらの情報を基に農地の改善・維持を行っていく．このように SOFIX による土づくりは，分析結果から土壌を診断し，そして有機物を中心とした処方箋を出し，処方を行っていくことを基本としている．

一連の土づくりと施肥設計の手順を図 4.1 に示す．まず施肥設計依頼を受けると，依頼者に **SOFIX ヒアリングシート**の記入と土壌の送付を依頼する．その後，農地の SOFIX 分析を行い，その結果からパターン判定を行い農地の状況を判断する（診断）．並行して，使用したい有機資材の MQI（堆肥品質指標）および OQI（有機資材品質指標）分析を行い，SOFIX 推奨値や基準値を勘案して処方箋を作成する．その後，再現性や継続性の観点から，**診療録（カルテ）**と**処方履歴**を作成する．

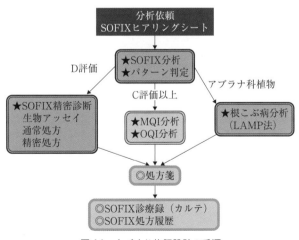

図 4.1 土づくり施肥設計の手順

　ここまでの流れが標準的な施肥設計の手順であるが，植物病害が懸念される場合や SOFIX 評価が低い場合（D 評価等）は，オプションとして別メニューの分析（SOFIX 精密診断や根こぶ病分析）を行うことで，より正確性を期す．次項にそれぞれの項目を詳細に説明していく．

4.2　SOFIX ヒアリングシート

　農地の土質や農地状況の概略を把握するため，農地住所，農地概要（畑（露地，ハウス），水田，樹園地の別），農地面積，栽培履歴，施肥履歴，農薬履歴，栽培予定，および栽培における希望や課題に関するヒアリングシートを依頼する（図 4.2）．
　農地の土質は，農地住所から，農研機構の下記の検索サイトにより把握することができる．

http://agrimesh.dc.affrc.go.jp

　農地面積は，具体的な施肥量を算定するため必要となる．栽培履歴，施肥履歴，および農薬履歴は，有機的環境・化学的環境の識別，病害や連作障害の把握等の貴重な情報となる．栽培予定は，栽培を予定する作物を考慮した施肥設計のため必要となる．その他，栽培や農業手法に対する希望や課題を把握することにより，生産者が求める農産物栽培の方向に沿った処方箋作成が可能となる．

4.3　SOFIX 分析およびパターン判定

　対象圃場の SOFIX 分析を行い，その分析結果に基づいたパターン判定を実施する．SOFIX 分析から各 19 項目の分析結果が数値として確認できる．これらの各分析値と推奨値や基準値（minimum value）を比較することにより，土壌肥沃度の状態を判断することができる．具体的には，SOFIX 分析値に基づいたパターン判定により，土壌肥沃度を判定する．このパターン判定は，農地環境を総合的に判断するために行うものである（図 3.16 および図 3.17 参照）．

4.4　MQI 分析および OQI 分析

　並行して，使用予定の堆肥や有機資材の MQI または OQI 分析を実施する．上記 4.3 節を含むこれらの分析により，使用資材の肥料成分等の把握ができると共に，SOFIX 分析値と MQI または OQI 分析値から，具体的な施肥量を計算することが可能となる．

SOFIX ヒアリングシート

申込者（企業名等）		依頼日	年　　月　　日
ご担当者（所属部署等）			
ご連絡先住所	〒		
TEL		E-mail	
連絡事項	ご希望などございましたら、こちらにご記入ください。		

【問診票】

対象圃場の名称			面積（a or m²）	
対象圃場の住所				
依頼の目的				
栽培カレンダー	春：	夏：	秋：	冬：
次作		植え付／播種の予定日		
現在の問題：（具体的に）	収量について	満足・低収量		
	品質について	満足・低品質		
	病害虫について	無　・　有（名前：　　　　　　　　）（重症度：多・少）		
	その他（栄養素不足，など）	1. 2.		
地質	黒ボク土，沖積土（低地土：褐色低地土，灰色低地土，グライ土），洪積土（台地土：褐色森林土，灰色台地土，グライ台地，赤色土，黄色土，暗赤土），泥炭土，砂質土，造成土，その他（　　　　　　　　　）			
水はけ	とても良い　・　良い　・　普通　・　やや悪い　・　悪い			
圃場の分類	畑（露地 or ハウス）・水田・樹園地・前水田今畑・その他（　　　　　　　　　）			
施肥様式	化学のみ・ほとんど化学・ハイブリッド・ほとんど有機・有機のみ			
使用化学肥料	肥料名：			
	使用量 (kg/10 a)			
使用農薬，消毒	薬剤名：			
	使用量 (kg or L/10 a)			

使用施肥・有機資材について

□ 使用していない
□ 使用している
　　▶分析結果 (MQI・OQI) をお持ちでしたら試料番号を記載ください
　　（　商品名：　　　　　　，1回の施肥量　　　〔kg/10 a〕）（　試料番号：　　　　）
　　（　商品名：　　　　　　，1回の施肥量　　　〔kg/10 a〕）（　試料番号：　　　　）
　堆肥・有機資材について情報・ご質問・ご要望などありましたらご記載ください．
　（　　　　　　　　　　　　　　　　　　　　　　　　　　　　　　　　　　　）

農薬・土壌燻蒸について

□ 使用していない
□ 使用している
（　商品名：　　　　　　，使用量　　　〔kg/10 a〕）（　使用の目的等：　　　　　）
（　商品名：　　　　　　，使用量　　　〔kg/10 a〕）（　使用の目的等：　　　　　）

自由記述（圃場の状況が解り易い写真等もございましたら添付願います.）
(診断に当たって記載できなかった情報・要望等ございましたら記載をお願いします.)

図 4.2　SOFIX ヒアリングシート

4.5　処方箋

（1）一般的な有機資材の成分

　一般的な有機資材の成分量を知っておくことは，処方箋の作成に役立つ．表 4.1 に一般的な発酵・有機資材，また表 4.2 に未発酵・有機資材の含有成分を示す．

　このように，各有機資材にはそれぞれの特徴がある．窒素成分が多い有機資材は，鶏糞堆肥，大豆カス，油カス，魚粉，および骨粉などが挙げられる．また，リン成分の多い有機資材は，鶏糞堆肥，米糠，魚粉，および骨粉が挙げられる．これらの各種有機資材の含有成分を知ることにより，有機資材を効率的に使うことができ，結果的に効率的な処方が可能となる．

　ここでは掲載していないが，含有成分と共に含水率を把握しておく必要がある．含水率は，MQI 分析や OQI 分析においても測定する項目である．各種有機資材に含まれている含水率は，それぞれの工程により大きく異なる．特に発酵・有機資材である堆肥においては，製造業者や製造ロットにより大きく異なっていることがしばしば見られる．

　例えば，約 50 ％の含水率である堆肥を 1,000 kg/10 a 施肥した場合，施肥量の約 50 ％が水

表 4.1　一般的な発酵・有機資材の含有成分

発酵・有機資材	TC（mg/kg）	TN（mg/kg）	TP（mg/kg）	TK（mg/kg）
牛糞堆肥	200,000 ~ 350,000	10,000 ~ 20,000 (1.0 ~ 2.0 %)	8,000 ~ 15,000 (0.8 ~ 1.5 %)	15,000 ~ 25,000 (1.5 ~ 2.5 %)
鶏糞堆肥	180,000 ~ 250,000	20,000 ~ 35,000 (2.0 ~ 3.5 %)	18,000 ~ 50,000 (1.8 ~ 5.0 %)	25,000 ~ 40,000 (2.5 ~ 4.0 %)
豚糞堆肥	250,000 ~ 300,000	20,000 ~ 35,000 (2.0 ~ 3.5 %)	35,000 ~ 45,000 (3.5 ~ 4.5 %)	30,000 ~ 40,000 (3.0 ~ 4.0 %)
馬糞堆肥	200,000 ~ 300,000	6,000 ~ 12,000 (0.6 ~ 1.2 %)	6,000 ~ 12,000 (0.6 ~ 1.2 %)	6,000 ~ 12,000 (0.6 ~ 1.2 %)
バーク堆肥	350,000 ~ 450,000	4,000 ~ 6,000 (0.4 ~ 0.6 %)	2,000 ~ 3,000 (0.2 ~ 0.3 %)	2,000 ~ 3,000 (0.2 ~ 0.3 %)

表 4.2　一般的な未発酵・有機資材の含有成分

未発酵・有機資材	TC（mg/kg）	TN（mg/kg）	TP（mg/kg）	TK（mg/kg）
大豆カス	350,000 ~ 500,000	60,000 ~ 80,000 (6.0 ~ 8.0 %)	5,000 ~ 12,000 (0.5 ~ 1.2 %)	25,000 ~ 60,000 (2.5 ~ 6.0 %)
油カス	400,000 ~ 500,000	50,000 ~ 70,000 (5.0 ~ 7.0 %)	8,000 ~ 15,000 (0.8 ~ 1.5 %)	10,000 ~ 20,000 (1.0 ~ 2.0 %)
米糠	350,000 ~ 500,000	15,000 ~ 25,000 (1.5 ~ 2.5 %)	35,000 ~ 60,000 (3.5 ~ 6.0 %)	10,000 ~ 20,000 (1.0 ~ 2.0 %)
魚粉	200,000 ~ 350,000	70,000 ~ 80,000 (7.0 ~ 8.0 %)	50,000 ~ 60,000 (5.0 ~ 6.0 %)	8,000 ~ 12,000 (0.8 ~ 1.2 %)
骨粉	200,000 ~ 250,000	35,000 ~ 50,000 (3.5 ~ 5.0 %)	100,000 ~ 200,000 (10 ~ 20 %)	1,000 ~ 2,000 (0.1 ~ 0.2 %)

分であることを意味する．また，1 kg 中に含まれる肥料成分も薄まっている．したがって，効率的な施肥を考えると，含水率の高い有機資材の使用は極力避けるべきである．

　また有機資材は，有機物の混合物であり，同じ種類の堆肥であっても製造に使う原材料の状況により，出来上がった製品中の含有成分にばらつきが生じる場合が多い．換言すると，製造ロット間に格差が生じることがしばしば認められる．これは工業製品と違い，経験と勘により製造しているところが多いためと考えられる．したがって，使用する有機資材の MQI 分析や OQI 分析は定期的に行い，それぞれの有機資材の含有成分を把握して使用する必要がある．

（2）処方箋作成
① SOFIX パターン判定が B 評価以上の場合
　SOFIX パターン判定の全炭素，全窒素，および C/N 比の数値において，まずこれらの数値が**基準値内に入るよう，またできるだけ推奨値に近づけるよう**，使用する有機資材の投入量を決めていく．全窒素が不足している場合は，窒素含有量・比が多い資材を選択し，炭素が不足している場合は，炭素含有量が多い資材を選択する．

　一方，使用したい有機資材だけで基準値内に入らない場合がある．この場合，他の有機資材の併用を検討するか，2～3 回に分けて徐々に基準値に近づけていく手法をとる．

　有機物施肥の場合，化学肥料と違い，炭素・窒素・リン・カリウム等の混合物であるため，基準値や推奨値に近づける効果的な組み合わせを考えていくことが重要である．

② SOFIX パターン判定が C 評価の場合
　C 評価の農地は，細菌数が検出限界以上で 2.0×10^8 cells/g（土壌）未満の状況を示す農地である．この評価の農地は，細菌数が何らかの影響で減少している圃場である．そのため①で示している手法の中で，まずは基準値に合わせていくことを考える．さらに，細菌数を増やす処方が必要であるため，発酵・有機資材だけでなく，未発酵・有機資材，例えば大豆カスや油カスなどを併用することで細菌数を増やしていくことを考えていく（未発酵・有機資材は土壌微生物を増やす効果があるが，発酵・有機資材である堆肥に比べ分解しにくいため，施肥量は 500 kg/10 a 以下が望ましい）．

③ SOFIX パターン判定が D 評価の場合
　D 評価の農地は，細菌数が検出限界（6.6×10^6 cells/g（土壌））以下の農地を指す．これらの農地の共通点は，ほとんどの農地で何らかの形で土壌燻蒸を行っていることである．この場合，有機資材だけで細菌数を増やしていくことが難しい場合が多々認められる．したがって，①や②の処方に加え，土壌燻蒸方法の変更についても併せて考慮していく必要がある．

（3）処方箋作成のための考え方および計算方法
　SOFIX データ，MQI データ，および OQI データから 10 a（一反）当たりの有機資材の量

図 4.3 ワグネルポット

を計算し，処方箋を作成する．具体的な有機資材量は，**10 a（一反）当たりの有機物量**より算出する．施肥量は，まず土壌 1 kg を基本として計算し，10 a（一反）当たりの施肥量を算出する．具体的には，**ワグネルポットを基準として計算する**．

ワグネルポットとは，ドイツの農芸化学者パウル・ワーグナー（Paul Wagner, 1843 〜 1930）の創案による実験用の栽培用ポットのことである（図 4.3）．白色磁製の円筒容器で，土壌を充填した場合の土壌表面積が 1/5,000・a（内径約 16 cm）になるように設計されたものである．SOFIX の処方箋作成では，1/5,000・a のワグネルポットを使って計算していく．

具体的には，**1/5,000・a のワグネルポットに土を入れた場合，土の重量は約 4.5kg となる**．換言すると，**1/5,000・a の作土層の土壌重量は，約 4.5kg** ということである．この 4.5 kg という土壌重量は処方箋を作成する際，非常に重要な数値となるため，記憶してほしい．

次に，具体的な処方箋作成の流れと計算方法を示す．

①処方箋作成例 I 《TC が不足している場合》

慣行農法（化学農法）を行っている多くの農地は，全炭素（TC）が少ない場合が多い．TC が少ない農地の例を表 4.3 に示し，その処方箋作成例を以下に述べる．

表 4.3 に示す圃場（畑）の SOFIX 分析結果（抜粋）を基に，表 4.4 に示す有機資材 A，B，

表 4.3 圃場 I の SOFIX 分析結果（抜粋）

圃場（畑）	TC（mg/kg）	TN（mg/kg）	TP（mg/kg）	TK（mg/kg）	C/N 比
1	10,000	1,000	1,100	2,500	10.0

表 4.4 堆肥の MQI および OQI 分析結果（抜粋）

有機資材	TC（mg/kg）	TN（mg/kg）	TP（mg/kg）	TK（mg/kg）	C/N 比
A（牛糞堆肥）	320,000	18,000	8,000	21,000	17.8
B（鶏糞堆肥）	250,000	30,000	18,000	28,000	8.3
C（大豆カス）	360,000	60,000	12,000	25,000	6.0

表 4.5　SOFIX 基準値（畑）

項目	基準値（畑）
総細菌数（× 10^8cells/g（土壌））	$\geqq 2.0$
全炭素量（TC）（mg/kg）	$\geqq 12,000$
全窒素量（TN）（mg/kg）	$\geqq 1,000$
窒素循環活性（点）	$\geqq 25$
リン循環活性（点）	$20 \sim 80$
C/N 比	$8 \sim 27$
全リン（TP）*（mg/kg）	$\geqq 1,100$
全カリウム（TK）*（mg/kg）	$2,500 \sim 10,000$

*全リン（TP）と全カリウム（TK）は畑の推奨値を示している（2020 年 4 月現在の推奨値）.

表 4.6　圃場 I の TC, TN, TP, および TK の基準値および推奨値に基づく不足量

圃場（畑）	TC（mg/kg）の基準値からの不足量	TN（mg/kg）の基準値からの不足量	TP（mg/kg）の推奨値からの不足量	TK（mg/kg）の推奨値からの不足量
1	2,000	不足なし	不足なし	不足なし

および C の MQI 分析結果から有機資材を選択し，処方箋を作成する．表 4.3 から，圃場 1 は TC が SOFIX パターン判定基準値（TC $\geqq$ 12,000 mg/kg）に届いていないことがわかる（表 4.5 参照）．一方，全窒素（TN）は SOFIX パターン判定基準値を上回っており，また C/N 比は基準値内に入っているものの，比較的低い C/N 比（10.0）となっている．この圃場の場合は，TC を上げていく方向で考えていくが，C/N 比をこれより下げないため，TN の上げすぎに注意することが重要である．

　使用する資材は，表 4.4 に示す 3 種類の有機資材である．有機資材 A は牛糞堆肥，有機資材 B は鶏糞堆肥，有機資材 C は大豆カスを想定している．

　いずれの有機資材とも TC は 200,000 mg/kg を超えており，十分な TC を含んでいることがわかる．有機資材 A（牛糞堆肥）は，2 ％前後の TN（18,000 mg/kg）を含有しており，C/N 比が 20 を下回る．有機資材 B（鶏糞堆肥）は，比較的 TN が多く（3 ％前後），C/N 比が牛糞堆肥よりもかなり低いものが多い．また良質な有機資材 C（大豆カス）は，5 ％を超える TN を含んでおり，C/N 比は鶏糞よりもさらに低くなる．それぞれ特徴のある有機資材であるため，記憶しておくとよい．

　表 4.5 に畑の SOFIX パターン判定基準値（minimum value）を示し，表 4.6 に圃場 1 における土壌 1 kg 当たりの TC, TN, TP, および TK の SOFIX パターン判定基準値および推奨値に基づく不足量を示す．

　パターン判定には，TK の基準値はないため，SOFIX の推奨値である TK：2,500 〜 10,000 mg/kg を使って考える．また，TP についても便宜上，推奨値である TP $\geqq$ 1,100 mg/

kg を用いる．なおこれらはいずれも畑の推奨値である．

　圃場 1 は，TC が不足しており C/N 比が比較的低いため，TC を増やすことを重点的に考えればよい．有機資材 A 〜 C の中で選択すべきものは，TC が高く TN が低い有機資材 A（牛糞堆肥）である．有機資材 A（牛糞堆肥）の TC は 320,000 mg/kg であり，圃場 1 の TC 不足量（2,000 mg/kg）を補うためには，図 4.4 に示す計算式で算出できる．具体的には，有機資材 A（牛糞堆肥）を用いて圃場 1 の TC を基準値に設定する場合，設定 TC を 12,000 mg/kg

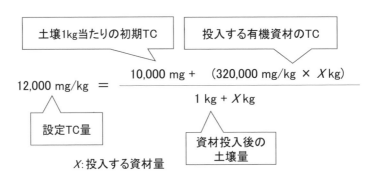

図 4.4　圃場 1 の TC 調整計算式

表 4.7　圃場 1 の不足を解消するための有機資材量

使用有機資材	1 kg 当たりの投入量	1/5,000・a 当たり投入量	1 a 当たり投入量	10 a（1 反）当たりの投入量
A	0.0065 kg（6.5 g）	0.0065 kg × 4.5 = 0.02925 kg（ワグネルポットは約 4.5 kg の土壌重量であるため，4.5 をかける）	0.02925 kg × 5,000 = 146.25 kg（ワグネルポットは 1/5,000・a であるため，1 a にするため 5,000 をかける）	146.25 kg × 10 = 1462.5 kg（10 a（1 反）に換算するため 10 をかける）

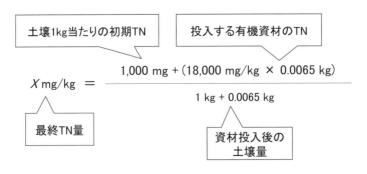

図 4.5　圃場 1 の TN 調整計算式

表 4.8　圃場 1 の処方前後の数値

圃場 (畑)	TC (mg/kg) 基準値 ≧ 12,000	TN (mg/kg) 基準値 ≧ 1,000	TP (mg/kg) 推奨値 ≧ 1,100	TK (mg/kg) 推奨値 2,500 ~ 10,000	C/N 比 基準値 8 ~ 27
1 (処方前)	10,000	1,000	1,100	2,500	10.0
1 (処方後)	12,000	1,110	1,140	2,620	10.8

にして考える．有機資材 A（牛糞堆肥）の投入量を X kg とすると図 4.4 に示す式が成り立つ．この式を解くと，$X = 0.0065$ kg(6.5 g) となる．

　圃場 1 において，1 kg 当たりの投入量が決まれば，表 4.7 に示すように 10 a(1 反) 当たりの投入量が計算でき，1,462.5 kg の有機資材 A（牛糞堆肥）を 10 a に投入し，よく耕耘すれば均一な農地となり，計算値と一致することになる．

　次に増加する TN を計算する．圃場 1 に有機資材 A（牛糞堆肥）を 1 kg 当たり 0.0065 kg 投入する場合，投入する資材量を考慮し 0.0065 kg の有機資材に含まれる TN を計算すればよい．具体的には，有機資材 A（牛糞堆肥）は 18,000 mg/kg の TN を含んでいるため，図 4.5 に示す式で増加する TN を計算することができる．

　圃場 1 における，処方前後の TC，TN，および C/N を表 4.8 に示す．

　圃場 1 は処方後，SOFIX パターン判定基準値の TC，TN，および C/N 比を満たすことになる．同様に TP や TK を計算していき，全体の計算値を算出する（表 4.8）．

②処方箋作成例 2　《TN が不足している場合》

　農産物の生育には窒素成分が不可欠であり，収穫後は TN の低下が顕著に認められることが多い．TN が少ない農地の例を表 4.9 に示し，その処方箋作成例を以下に述べる．

　表 4.9 に示す圃場（畑）の SOFIX 分析結果を基に，表 4.4 に示す有機資材 A，B，および C

表 4.9　圃場 2 の SOFIX 分析結果（抜粋）

圃場 (畑)	TC (mg/kg)	TN (mg/kg)	TP (mg/kg)	TK (mg/kg)	C/N 比
2	15,000	900	1,100	2,500	16.7

表 4.10　圃場 2 の TC，TN，TP，および TK の基準値および推奨値に基づく不足量

圃場 (畑)	TC (mg/kg) の 基準値からの 不足量	TN (mg/kg) の 基準値からの 不足量	TP (mg/kg) の 推奨値からの 不足量	TK (mg/kg) の 推奨値からの 不足量
2	不足なし	100	不足なし	不足なし

の MQI 分析結果から有機資材を選択し処方箋を作成する．表 4.9 から圃場 2 は，TC および C/N 比において SOFIX パターン判定基準値に合致している．一方，TN は SOFIX パターン判定基準値（TN ≧ 1,000 mg/kg）に届いていないことがわかる（表 4.10）．この圃場の場合は，C/N 比を考慮して TN を上げていくことを考える．

表 4.10 に圃場 2 における土壌 1 kg 当たりの TC，TN，TP，および TK の SOFIX パターン判定基準値および推奨値に基づく不足量を示す．

圃場 2 は前述のように TN が不足しているが，TC や C/N 比は適正値に入っている．したがって，効果的に TN を増やすことを考えればよい．有機資材 A ～ C の中で選択すべきものは，TN 高い有機資材 B（鶏糞堆肥）または有機資材 C（大豆カス）である．

（ i ）有機資材 B（鶏糞堆肥）を使う場合の計算

有機資材 B（鶏糞堆肥）（TN：30,000 mg/kg）で，圃場 2 の TN 不足量（100 mg/kg）を補うためには，図 4.6 に示す計算式で算出できる．具体的には，有機資材 B（鶏糞堆肥）を用いて圃場 2 の TN を基準値の 1,000 mg/kg にする場合，有機資材 B（鶏糞堆肥）の投入量を X kg とすると図 4.6 に示す式が成り立つ．この式を解くと，$X = 0.0034$ kg（3.4 g）となる．

同様に圃場 2 において，1 kg 当たりの投入量が決まれば，表 4.11 に示すように 10 a（1 反）当たりの投入量が計算でき，765.0 kg の有機資材 A を 10 a に投入し，よく耕耘すれば均一な農地となり，計算値と一致することになる．

次に増加する TC を計算する．圃場 2 に有機資材 B（鶏糞堆肥）を 1 kg 当たり 0.0034 kg 投

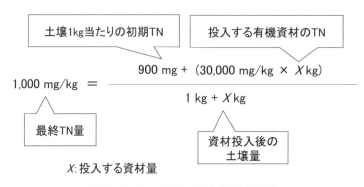

図 4.6　圃場 2 の TN 調整計算式（鶏糞堆肥）

表 4.11　圃場 2 の不足を解消するための有機資材量

使用有機資材	1 kg 当たりの投入量	1/5,000・a 当たりの投入量	1 a 当たりの投入量	10 a（1 反）当たりの投入量
B	0.0034 kg （3.4 g）	0.0034 kg × 4.5 = 0.0153 kg （ワグネルポットは約4.5 kg の土壌重量であるため，4.5 をかける）	0.0153 kg × 5,000 = 76.5 kg （ワグネルポットは 1/5,000・a であるため，1 a にするため 5,000 をかける）	76.5 kg × 10 = 765.0 kg （10 a（1 反）に換算するため 10 をかける）

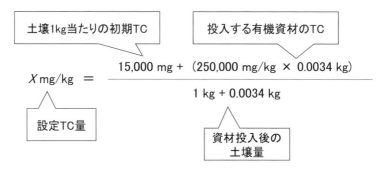

図 4.7 圃場 2 の TC 調整計算式（鶏糞堆肥）

表 4.12 圃場 2 の処方前後の数値

圃場 （畑）	TC （mg/kg） 基準値 $\geq 12,000$	TN （mg/kg） 基準値 $\geq 1,000$	TP （mg/kg） 推奨値 $\geq 1,100$	TK （mg/kg） 推奨値 $2,500 \sim 10,000$	C/N 比 基準値 $8 \sim 27$
2（処方前）	15,000	900	1,100	2,500	16.7
2（処方後）	15,800	1,000	1,160	2,590	15.8

入する場合，投入する資材量を考慮し 0.0034 kg の有機資材に含まれる TC を計算すればよい．具体的には，有機資材 B は 250,000 mg/kg の TC を含んでいるため，図 4.7 に示す式で増加する TC を計算することができる．

　圃場 2 における，処方前後の TC，TN，TP，TK，および C/N を表 4.12 に示す．圃場 2 は処方後，SOFIX パターン判定基準値の TC，TN，および C/N 比を満たすことになる．同様に TP や TK を計算していき，全体の計算値を算出する（表 4.12）．

（ⅱ）有機資材 C（大豆カス）を使う場合の計算

　有機資材 C（大豆カス）（TN：60,000 mg/kg）で，圃場 2 の TN 不足量（100 mg/kg）を補うためには，図 4.8 に示す計算式で算出できる．具体的には，有機資材 C（大豆カス）を用いて圃場 2 の TN を基準値の 1,000 mg/kg にする場合，有機資材 C（大豆カス）の投入量を X kg とすると図 4.8 に示す式が成り立つ．この式を解くと，$X = 0.0017$ kg（1.7 g）となる．

　同様に圃場 2 において，1 kg 当たりの投入量が決まれば，表 4.13 に示すように 10 a（1 反）当たりの投入量が計算でき，385 kg の有機資材 C（大豆カス）を 10 a に投入し，よく耕耘すれば均一な農地となり，計算値と一致することになる．

　次に増加する TC を計算する．圃場 2 に有機資材 C（大豆カス）を 1 kg 当たり 0.0017 kg 投入する場合，投入する資材量を考慮し 0.0017 kg の有機資材に含まれる TC を計算すればよい．具体的には，有機資材 C（大豆カス）は 360,000 mg/kg の TC を含んでいるため，図 4.9 に示す式で増加する TC を計算することができる．

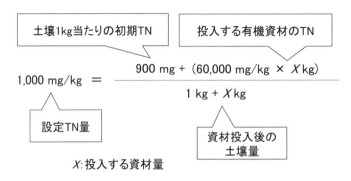

X: 投入する資材量

図 4.8　圃場 2 の TN 調整計算式（大豆カス）

表 4.13　圃場 1 の不足を解消するための有機資材量

使用有機資材	1 kg 当たりの投入量	1/5,000・a 当たりの投入量	1 a 当たりの投入量	10 a（1 反）当たりの投入量
C	0.0017 kg (1.7 g)	0.0017 kg × 4.5 = 0.0077 kg（ワグネルポットは約4.5 kg の土壌重量であるため，4.5をかける）	0.0077 kg × 5,000 = 38.5 kg（ワグネルポットは1/5,000・a であるため，1 a にするため 5,000 をかける）	38.5 kg × 10 = 385 kg(10 a（1 反）に換算するため 10 をかける)

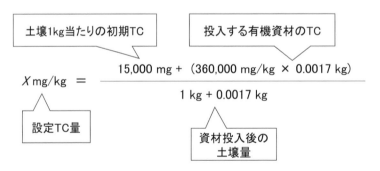

図 4.9　圃場 2 の TC 調整計算式（大豆カス）

表 4.14　圃場 2 の処方前後の数値

圃場（畑）	TC (mg/kg) 基準値 ≧ 12,000	TN (mg/kg) 基準値 ≧ 1,000	TP (mg/kg) 推奨値 ≧ 1,100	TK (mg/kg) 推奨値 2,500 ～ 10,000	C/N 比 基準値 8 ～ 27
2（処方前）	15,000	900	1,100	2,500	16.7
2（処方後）	15,590	1,000	1,120	2,540	15.6

圃場2において，処方前後のTC，TN，およびC/Nを表4.14に示す．

圃場2は処方後，SOFIXパターン判定基準値のTC，TN，およびC/N比を満たすことになる．同様にTPやTKを計算していき，全体の計算値を算出する（表4.14）．

③処方箋作成例3 《TC，TN，TPの複数が不足している場合》

次に，より複雑な処方箋例を考えていく．

実際の農地をSOFIX分析すると，TC，TN，そしてTPが同時に不足している圃場がしばしば見られる．これは，農産物の栽培において，TNとTPが無機化され，肥料成分の吸収により減少していくことに起因する．また，連動して微生物が動くため，土壌中のTCも同時に減少する．

具体的な農地の例を表4.15に示す．同様に，表4.4に示す有機資材A，B，およびCのMQI分析結果から有機資材を選択し処方箋を作成する．

表4.15から圃場3は，TC，TN，およびTPが不足していることがわかる．この圃場3の場合は，バランスよくTC，TN，およびTPを上昇させていくことを考えることが重要である．表4.16に圃場3における土壌1kg当たりのTC，TN，TP，およびTKのSOFIXパターン判定基準値および推奨値からの不足量を示す．

圃場3は前述のようにTC，TN，およびTPが不足しているため，過不足なく効果的にTC，TN，およびTPを増やすことを考えればよい．有機資材A〜Cの中で選択すべきものは，比較的3成分のバランスが取れている有機資材A（牛糞堆肥）か有機資材B（鶏糞）のいずれか，または両方のブレンドを使うとよい．ここでは，有機資材A（牛糞堆肥）を使った処方箋を考えていく．

まず，有機資材A（牛糞堆肥）で，圃場3のTC不足量（1,000 mg/kg）を補うことを考えてみる．これまでと同様の考え方で，図4.10に示す計算式で算出できる．具体的には，有機資材A（牛糞堆肥）を用いて圃場3のTCを基準値の12,000 mg/kgにする場合，有機資材A（牛糞堆肥）の投入量をX kgとすると図4.10の式が成り立つ．この式を解くと，$X =$

表4.15 圃場3のSOFIX分析結果（抜粋）

圃場 （畑）	TC (mg/kg)	TN (mg/kg)	TP (mg/kg)	TK (mg/kg)	C/N比
3	11,000	800	900	2,500	13.8

表4.16 圃場3のTC，TN，TP，およびTKの基準値および推奨値に基づく不足量

圃場 （畑）	TC (mg/kg) の基準値からの不足量	TN (mg/kg)の 基準値からの 不足量	TP (mg/kg)の 推奨値からの 不足量	TK (mg/kg)の 推奨値からの 不足量
3	1,000	200	200	不足なし

0.00325 kg（3.25 g）となる.

　同様に圃場 3 において, 1 kg 当たりの投入量が決まれば, 表 4.17 に示すように 10 a(1 反)当たりの投入量が計算でき, 730 kg の有機資材 A を 10 a に投入し, よく耕耘すれば均一な農地となり, TC が 12,000 mg/kg になる.

　次に増加する TN を計算する.

　圃場 3 に有機資材 A を 1 kg 当たり 0.00325 kg 投入する場合, 投入する資材量を考慮し 0.00325 kg の有機資材に含まれる TN を計算すればよい. 具体的には, 有機資材 A（牛糞堆肥）は 18,000 mg/kg の TN を含んでいるため, 図 4.11 に示す式で増加する TN を計算するこ

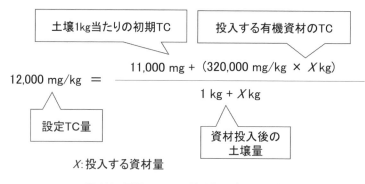

図 4.10　圃場 3 の TC 調整計算式（牛糞堆肥）

表 4.17　圃場 3 の不足を解消するための有機資材量

使用有機資材	1 kg 当たりの投入量	1/5,000・a 当たりの投入量	1 a 当たりの投入量	10 a（1 反）当たりの投入量
A	0.00325 kg（3.25 g）	0.00325 kg × 4.5 = 0.0146 kg（ワグネルポットは約 4.5 kg の土壌重量であるため, 4.5 をかける）	0.0146 kg × 5,000 = 73.0 kg（ワグネルポットは 1/5,000・a であるため, 1 a にするため 5,000 をかける）	73.0 kg × $\dfrac{10}{(10\ a\ (1\ 反)}$ = 730 kg に換算するため 10 をかける）

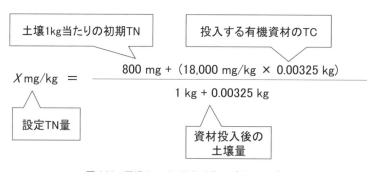

図 4.11　圃場 3 の TN 調整計算式（牛糞堆肥）

表 4.18 圃場 3 の処方前後の数値（1 回目の処方箋）

圃場 （畑）	TC (mg/kg) 基準値 ≧ 12,000	TN (mg/kg) 基準値 ≧ 1,000	TP (mg/kg) 推奨値 ≧ 1,100	TK (mg/kg) 推奨値 2,500 ～ 10,000	C/N 比 基準値 8 ～ 27
3（処方前）	11,000	800	900	2,500	13.8
3（処方後）	12,000	860	920	2,560	14.0

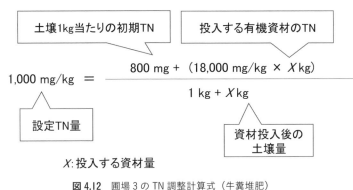

図 4.12 圃場 3 の TN 調整計算式（牛糞堆肥）

表 4.19 圃場 3 の処方前後の数値（2 回目の処方箋）

圃場 （畑）	TC (mg/kg) 基準値 ≧ 12,000	TN (mg/kg) 基準値 ≧ 1,000	TP (mg/kg) 推奨値 ≧ 1,100	TK (mg/kg) 推奨値 2,500 ～ 10,000	C/N 比 基準値 8 ～ 27
3（処方前）	11,000	800	900	2,500	13.8
3（処方後）	14,600	1,000	980	2,720	14.6

とができる.

　この式を用いて TN を計算すると，最終 TN 量は 860 mg/kg となり，まだ TN が不足していることとなる（表 4.18）.

　このように，**TC を合わせても TN が合致しない場合が往々にして生じる**. このような場合，TN を合致させる計算を再度行う必要ある. 再計算式を図 4.12 に示す.

　この式を解くと，$X = 0.0118$ kg となり，同様の計算で 2,655 kg の有機資材 A（牛糞堆肥）を 10 a に投入し，よく耕耘すれば均一な農地となり，TN が 1,000 mg/kg になる. この投入量を基に，同様の計算で TC，TP，および TK を再計算すると表 4.19 に示す処方後の数値と

なる.

　しかしながら，最終 TP 量がまだ推奨値から不足していることがわかる（不足量：120 mg/kg）．そこで再度 TP の不足量を解消する処方を考える．再計算式を図4.13 に示す.

　この式を解くと，$X = 0.0253$ kg となり，同様の計算で 6,525 kg の有機資材 A を 10 a に投入し，よく耕耘すれば均一な農地となり，TP が 1,100 mg/kg になる．この投入量を基に，同様の計算で TC，TN，および TK を再計算すると表4.20 に示す処方後の数値となる.

　ここで，TC および TN は基準値，また TP および TK は推奨値に合致する処方箋ができることになるが，新たな問題点が浮上する.

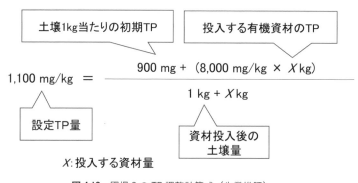

図 4.13　圃場 3 の TP 調整計算式（牛糞堆肥）

表 4.20　圃場 3 の処方前後の数値（3 回目の処方箋）

圃場 （畑）	TC (mg/kg) 基準値 ≧ 12,000	TN (mg/kg) 基準値 ≧ 1,000	TP (mg/kg) 推奨値 ≧ 1,100	TK (mg/kg) 推奨値 2,500 ～ 10,000	C/N 比 基準値 8 ～ 27
3（処方前）	11,000	800	900	2,500	13.8
3（処方後）	19,710	1,280	1,100	3,020	15.4

　その問題点とは，有機資材 A（牛糞堆肥）の投入量である 6,525 kg/10 a の有機物投入が多すぎるというものである．有機物の過剰施肥は，植物の**生育障害（肥料焼け）**のリスクを生じさせる．通常，**堆肥の投入量は 5,000 kg（5 トン）/10 a 程度が上限**である.

　そこで，別の有機資材を選択することを考える必要がある．これまでの流れから圃場 3 の場合，TP を整えることが最も難しいことが理解できる．したがって，TP を多く含む有機資材 B（鶏糞堆肥）を使う選択肢を考える．有機資材 B（鶏糞堆肥）を使う再計算式を図4.14 に示す.

　この式を解くと，$X = 0.0118$ kg となり，同様の計算で 2,660 kg の有機資材 B（鶏糞堆肥）を 10 a に投入し，よく耕耘すれば均一な農地となり，TP が 1,100 mg/kg になる．この投入量を基に，同様の計算で TC，TN，および TK を再計算すると表4.21 に示す処方後の数値となり，TC および TN は基準値，また TP および TK は推奨値のすべてに合致することとなる.

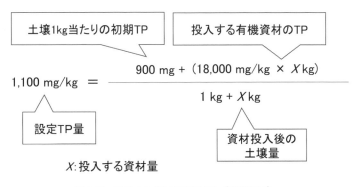

図 4.14 圃場 3 の TP 調整計算式（鶏糞堆肥）

表 4.21 圃場 3 の処方前後の数値（4 回目の処方箋）

圃場 （畑）	TC （mg/kg） 基準値 $\geq 12,000$	TN （mg/kg） 基準値 $\geq 1,000$	TP （mg/kg） 推奨値 $\geq 1,100$	TK （mg/kg） 推奨値 $2,500 \sim 10,000$	C/N 比 基準値 $8 \sim 27$
3（処方前）	11,000	800	900	2,500	13.8
3（処方後）	13,790	1,140	1,100	2,800	12.1

今回，TC → TN → TP の順に調整していくことを説明したが，一番不足している成分を把握し，その成分を中心に上昇させていくために適切な有機資材を選択することを優先すると，迅速に処方箋を作成することができる．このように，何度か処方箋を作成していくとコツをつかむことができる．

④処方箋作成例 4 《窒素循環活性が悪い土壌の場合》

これまでは，土壌中の有機物主要成分である TC，TN，そして TP を基準値や推奨値に合致させる処方箋基礎を考えてきた．ここでは，物質循環系の悪い土壌の改善例を示す．

SOFIX 分析を行うと，窒素循環活性が低い土壌が少なからずみられる．有機農法において，窒素循環活性は，植物に窒素成分を供給する重要な循環系の一つである．窒素循環と細菌は密接に関与しており（1.3 節，3.2 節(6)参照），**窒素循環活性が悪い土壌では，細菌数が少ない**場合が多い．

土壌中の細菌数が少なくなる原因は，**TC と TN のバランスが悪い**ことや，それらの**絶対量が不足している**ことが主要原因として考えられる．その他，農薬等で土壌燻蒸を行った場合も細菌数の大幅低下が想定されるが，農薬等の影響は 4.6 節で示す．ここでは TC と TN を改善することにより，土壌中の細菌数を増やし，窒素循環活性を向上させていく処方箋を考えていく．

表 4.22 に窒素循環活性が悪い土壌（圃場 4）の分析結果（抜粋）を示す．表 4.22 より，圃

場 4 の窒素循環活性は 15 点であり，基準値（≧ 25 点）を下回っていることがわかる．細菌数は 1.8 × 10^8 cells/g（土壌）（1.8 億個 /g（土壌））であり，これも基準値（≧ 2.0 × 10^8 cells/g（土壌））を下回っている．窒素循環活性や細菌数が低い原因は，TC は十分だが TN が基準値より低く，C/N 比が高いことが考えられる．圃場 4 は TC が高いことから，有機物を施肥しているが，バーク堆肥など TC が多い有機物を施肥していることが推測される．

　処方箋は，TC をできるだけ上げないように考慮し，TN を重点的に上げ C/N 比を整えることを方針とする．したがって，圃場 4 を改善するために選択する有機物は，TN を多く含む有機資材 C（大豆カス）が候補となる．

　有機資材 C（大豆カス）を使う計算式を図 4.15 に示す．具体的には，有機資材 C（大豆カス）を用いて圃場 4 の TN を基準値の 1,000 mg/kg にする場合，有機資材 C（大豆カス）の投入量を X kg とすると図 4.15 の式が成り立つ．この式を解くと，X = 0.00339 kg（3.39 g）となる．

　同様に圃場 4 において，1 kg 当たりの投入量が決まれば，表 4.23 に示すように 10 a（1 反）当たりの投入量が計算でき，765 kg の有機資材 C（大豆カス）を 10 a に投入し，よく耕耘す

表 4.22　圃場 4 の SOFIX 分析結果（抜粋）

圃場 （畑）	窒素循環活性 （点）	細菌数 （× 10^8 cells/g（土壌））	TC （mg/kg）	TN （mg/kg）	C/N 比
4	15	1.8	25,000	800	31.3

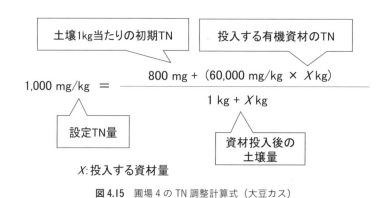

$$1{,}000 \text{ mg/kg} = \frac{800 \text{ mg} + (60{,}000 \text{ mg/kg} \times X \text{ kg})}{1 \text{ kg} + X \text{ kg}}$$

X：投入する資材量

図 4.15　圃場 4 の TN 調整計算式（大豆カス）

表 4.23　圃場 4 の不足を解消するための有機資材量

使用有機 資材	1 kg 当た りの投入量	1/5,000・a 当たりの 投入量	1 a 当たりの 投入量	10 a（1 反）当たりの 投入量
A	0.00339 kg （3.39 g）	0.00339 kg × 4.5 = 0.0153 kg （ワグネルポットは約 4.5 kg の土壌重量であるため，4.5 をかける）	0.0153 kg × 5,000 = 76.5 kg （ワグネルポットは 1/5,000・ a であるため，1 a にする ため 5,000 をかける）	76.5 kg × 10 = 765 kg （10 a（1 反）に換算するた め 10 をかける）

れば均一な農地となり，TN が 1,000 mg/kg になる．

　処方後の TC を同様に算出し，C/N 比を計算すると表 4.24 に示すようになり，TC，TN，および C/N 比が整うことになる．それに伴い細菌数が増え，その後，窒素循環活性が向上することが期待される．

　未発酵・有機資材である大豆カスは，堆肥と比べ土壌中での**分解速度が緩やかであり**，効果が現れるまで時間を要する．また，堆肥と比べると高価であるため，大豆カスを用いる場合，500 kg/10 a 以下が望ましい．したがって，発酵・有機資材の堆肥を基本として，大豆カスなどの未発酵・有機資材を副資材的に使うことを考えていくとよい．

　圃場 4 の場合，TN を重点的に増やすための堆肥として，堆肥の中で TN の割合が高い鶏糞堆肥が挙げられる．具体的には，有機資材 B（鶏糞堆肥）を 1,000 kg/10 a 程度使うと有機資材 C（大豆カス）の使用量を大幅に減らすことが可能となる．

　有機資材 B（鶏糞堆肥）を 1,000 kg/10 a 使う場合を想定し，1 kg 土壌当たりの投入量を計算する．今までは 1 kg の投入量から 10 a（1 反）当たりの投入量を決めていったが，今回は逆の計算をしていく．具体的な計算手法を表 4.25 に示す．

　表 4.25 より，有機資材 B（鶏糞堆肥）を 10 a 当たり 1,000 kg を施肥する場合，1 kg 当たり 0.00444 kg（4.44 g）の投入となる．次に，有機資材 C（大豆カス）の投入量を決めていく．その計算式を図 4.16 に示す．

　この式を解くと，$X = 0.0012$ kg となる．1 kg 当たりの投入量が決まれば，表 4.26 に示すように 10 a（1 反）当たりの投入量が計算でき，270 kg の有機資材 C（大豆カス）と 1,000 kg の有機資材 B（鶏糞堆肥）を 10 a に投入し，よく耕耘すれば均一な農地となり，TN が 1,000 mg/kg になる．

表 4.24　圃場 4 の処方前後の数値

圃場 （畑）	窒素循環活性 （点） 基準値 ≥ 25 点	細菌数 （× 10^8cells/g（土壌）） 基準値 ≥ 2.0	TC （mg/kg）基準 値 $\geq 12{,}000$	TN（mg/kg） 基準値 $\geq 1{,}000$	C/N 比 基準値 $8 \sim 27$
4（処方前）	15	1.8	25,000	800	31.3
4（処方後）	25 以上になる ことを期待	2.0 以上になる ことを期待	26,120	1,000	26.1

表 4.25　有機資材 C（鶏糞堆肥）を 1,000 kg/10 a 投入した際の土壌 1 kg 当たりの投入量の計算方法

使用有機 資材	10 a 当たり の投入量	1 a 当たりの 投入量	1/5,000・a 当たりの 投入量	1 kg 当たりの 投入量
B	1,000 kg	1,000 kg ÷ 10 = 100 kg（1 a に換算するため 10 で割る）	100 kg ÷ 5,000 = 0.02 kg（ワグネルポットは 1/5,000・a であるため，5,000 で割る）	0.02 kg ÷ 4.5 = 0.00444 kg（4.44 g）（ワグネルポットは約 4.5 kg の土壌重量であるため，4.5 で割る）

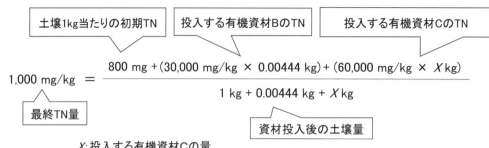

図 4.16　有機資材 B（鶏糞堆肥）を併用した場合の有機資材 C（大豆カス）の投入量

表 4.26　圃場 4 の不足を解消するための有機資材 C（大豆カス）の投入量

使用有機資材	1 kg 当たりの投入量	1/5,000・a 当たりの投入量	1 a 当たりの投入量	10 a（1 反）当たりの投入量
C	0.0012 kg（1.2 g）	0.0012 kg × 4.5 = 0.0054 kg（ワグネルポットは約 4.5 kg の土壌重量であるため，4.5 をかける）	0.0054 kg × 5,000 = 27.0 kg（ワグネルポットは 1/5,000・a であるため，1 a にするため 5,000 をかける）	27.0 kg × 10 = 270 kg（10 a（1 反）に換算するため 10 をかける）

表 4.27　圃場 4 の処方前後の数値（有機資材 B（鶏糞堆肥）と有機資材 C（大豆カス）の併用）

圃場（畑）	窒素循環活性（点）基準値 ≧ 25 点	細菌数（× 10^8 cells/g（土壌））基準値 ≧ 2.0	TC（mg/kg）基準値 ≧ 12,000	TN（mg/kg）基準値 ≧ 1,000	C/N 比基準値 8 ～ 27
4（処方前）	15	1.8	25,000	800	31.3
4（処方後）	25 以上になることを期待	2.0 以上になることを期待	26,390	1,000	26.1

　このように，有機資材 C（大豆カス）だけでなく，有機資材 B（鶏糞堆肥）を併用することにより，未発酵・有機資材である有機資材 C（大豆カス）を 10 a 当たり 270 kg の投入に抑えられる．

　最終的な圃場 4 の処方後数値を表 4.27 に示す．

⑤処方箋作成例 5　《リン循環活性が悪い土壌の場合》

　有機農法の場合，窒素循環と共にリン循環も非常に重要であり，これらの活性の向上と維持に気を配ることが重要である．有機農業において，リン循環活性は，植物にリン成分を供給する重要な循環系の一つである．リン循環が細菌数と密接に関与するのは窒素循環と同じであるが，土壌中のミネラル（金属）成分とも密接に関与している（1.4 節，3.2 節(4) 参照）．

　SOFIX 分析を行うと，窒素循環活性よりもリン循環活性が悪い土壌の割合が多い（図

4.17). リン循環活性が悪い土壌の場合，細菌数が少ない場合だけでなく，ミネラル（金属）成分過多や pH がリン循環活性に悪影響を与えており，生物反応と共に化学反応を考慮した対応が必要となる.

表 4.28 に窒素循環活性が悪い土壌（圃場 4）の分析結果（抜粋）を示す. 表 4.28 から，圃場 5 のリン循環活性は 10 点であり，リン循環活性基準値（20 〜 80 点）の範囲に入っていないことがわかる. この原因としては細菌数が少ないことや C/P 比 27.8，また pH が 7.5 であることが挙げられる. 表 4.29 にリン循環活性に関連する基準値と推奨値を示す.

表 4.29 より，圃場 5 では，リン循環活性の基準値および推奨値，細菌数，C/P 比の基準値および推奨値，そして pH の推奨値に合致していないことがわかる. また，TP は基準値には合致しているが推奨値には合致していない. 圃場 5 において，これらの項目の中で特に考慮しなければならないのは，C/P 比であると考えられるため，TP を推奨値に近づけていき，C/P 比を改善していく方針で処方箋を作成する.

表 4.4 に示す有機資材の中から TP を向上させる有機資材を選択する場合，TP 含有量が多い有機資材 B（鶏糞堆肥）を資材として選択すべきであるが，より TP 含有量が多い資材を探すことも重要である. TP を多く含有する一般的な未発酵・有機資材のリストを表 4.30 に示す.

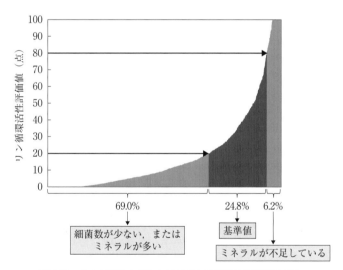

図 4.17 日本の畑地土壌におけるリン循環活性評価値の分布

表 4.28 圃場 5 の SOFIX 分析結果（抜粋）

圃場（畑）	リン循環活性 （点）	細菌数 （× 10^8 cells/g（土壌））	TC （mg/kg）	TP （mg/kg）	C/P 比	pH
5	10	1.2	25,000	900	27.8	7.5

表 4.29　リン循環活性に関連する基準値および推奨値

リン循環活性 （点） 基準値（上段） 推奨値（下段）	TC （mg/kg） 基準値（上段） 推奨値（下段）	TP （mg/kg） 基準値*（上段） 推奨値（下段）	C/P 比 基準値（上段） 推奨値（下段）	pH 推奨値
20 〜 80 30 〜 70	≧ 12,000 ≧ 25,000	≧ 800 ≧ 1,100	7 〜 25 10 〜 20	5.5 〜 6.5

*TP の基準値は 2020 年 3 月設定

表 4.30　リンを多く含有する未発酵・有機資材

資材	TC （mg/kg）	TN （mg/kg）	TP （mg/kg）	TK （mg/kg）	C/N 比	C/P 比
有機資材 D （米糠）	350,000	20,000	35,000	20,000	17.5	10.0
有機資材 E （魚粉）	320,000	70,000	60,000	10,000	4.6	5.3
有機資材 F （骨粉）	210,000	50,000	100,000	1,500	4.2	2.1

表 4.31　有機資材 C（鶏糞堆肥）を 2,000 kg/10 a 投入した際の土壌 1 kg 当たりの投入量の計算方法

使用有機 資材	10 a 当たり の投入量	1 a 当たりの 投入量	1/5,000・a 当たりの 投入量	1 kg 当たりの 投入量
B	2,000 kg	2,000 kg ÷ 10 = 200 kg（1 a に換算するため 10 で割る）	200 kg ÷ 5,000 = 0.04 kg（ワグネルポットは 1/5,000・a であるため，5,000 で割る）	0.04 kg ÷ 4.5 = 0.00889 kg（8.89 g）（ワグネルポットは約 4.5 kg の土壌重量であるため，4.5 で割る）

　魚粉や骨粉は，骨由来のリンを多く含むが，同時にカルシウム（Ca）も多く含むため，ミネラル（金属）分の過剰投与につながる可能性がある．カルシウム，鉄，アルミニウムなどのミネラル（金属）成分の過剰投与は，リン循環活性を低下させるため特に気を付けなければならない．ここでは，比較的 TP が高い有機資材 B（鶏糞堆肥）と，有機資材 D（米糠）の二つを使った処方を考えてみる．

　具体的には，圃場 5 の C/P 比が高いため，基準値の 25 以下に下げることを考える．そのためには，TP を推奨値の 1,100 mg/kg 以上にすることが基本となる．また，未発酵・有機資材である有機資材 D（米糠）の投入量を 500 kg/10 a 以下に抑えるため，発酵・有機資材である有機資材 B（鶏糞堆肥）を 2,000 kg/10 a 使う場合を想定して考えてみる．

　これまでと同様に，有機資材 B（鶏糞堆肥）を 2,000 kg/10 a 使う場合，有機資材 B（鶏糞堆肥）の土壌 1 kg 当たりの投入量を計算する（表 4.31）．

　次に，有機資材 D（米糠）の使用量を計算する計算式を図 4.18 に示す．

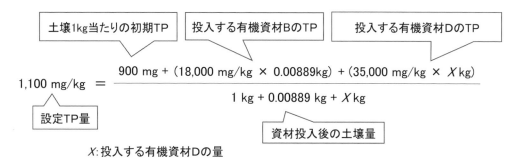

図 4.18 有機資材 B（鶏糞堆肥）を併用した場合の有機資材 D（米糠）の投入量

表 4.32 圃場 5 の不足を解消するための有機資材 D の投入量

使用有機資材	1 kg 当たりの投入量	1/5,000・a 当たりの投入量	1 a 当たりの投入量	10 a（1 反）当たりの投入量
C	0.00147 kg （1.47 g）	0.00147 kg × 4.5 = 0.0066 kg （ワグネルポットは約 4.5 kg の土壌重量であるため，4.5 をかける）	0.0066 kg × 5,000 = 33.0 kg （ワグネルポットは 1/5,000・a であるため，1 a にするため 5,000 をかける）	33.0 kg × 10 = 330 kg（10 a（1 反）に換算するため 10 をかける）

表 4.33 圃場 5 の処方前後の数値（有機資材 B と有機資材 D の併用）

圃場（畑）	リン循環活性 （点） 基準値 20 ～ 80 点	細菌数 （× 10^8 cells/g（土壌）） 基準値 ≧ 2.0	TC （mg/kg） 基準値 ≧ 12,000	TP （mg/kg） 推奨値 ≧ 1,100	C/P 比 基準値 7 ～ 25
5（処方前）	10	1.2	25,000	900	31.3
5（処方後）	20 ～ 80 になることを期待	2.0 以上になることを期待	27,450	1,100	25.0

　この式を解くと，$X = 0.00147$ kg となる．1 kg 当たりの投入量が決まれば，表 4.32 に示すように 10 a（1 反）当たりの投入量が計算でき，330 kg の有機資材 D（米糠）を 10 a 当たりに投入すればよいことになる．

　有機資材 B（鶏糞堆肥）2,000 kg と併せ，両資材を 10 a に投入し，よく耕耘すれば均一な農地となり，TP が 1,100 mg/kg になる．最終的な圃場 5 の処方後数値を表 4.33 に示す．

4.6 SOFIX 精密診断

　SOFIX の最大の特徴は，まず細菌数で農地の状況を判断・評価することである．具体的には，細菌数が N.D. の場合は D 評価，$2.0 × 10^8$ cells/g（土壌）未満の場合は C 評価というように，第一段階として細菌数から土壌の状況を把握する（図 3.16，図 3.17 参照）．

　図 3.11，図 3.13，および図 3.15 で示すように，土壌中に十分な TC が存在しているにもか

かわらず，細菌数が N.D. である圃場がしばしば認められる．特に，畑においてはその数が多い．

　これらの圃場のヒアリングを実施すると，ほとんどの圃場で土壌燻蒸を行っていることがわかった．換言すると，薬剤等を用いて土壌中の微生物を殺菌することで細菌数が著しく減少しているのであった．また，度重なる土壌燻蒸後，細菌数の回復が十分でない土壌が多いということもわかった．このような細菌数の低い農地の細菌数を回復させることは難しく，特に**細菌数が N.D. の低評価農地については，細菌数を短時間で回復させることは極めて難しい**．

　D 評価の土壌細菌数を回復させるためには，まずは回復の可能性があるか否かを検証することが重要である．そのために開発した手法が **SOFIX 精密診断**である．精密診断の必要がある土壌評価を図 4.19 に示す．

　SOFIX 精密診断では次の三つの試験を行う（図 4.20）．まず，化学物質や環境変化に敏感な「ミミズの生育解析」を行う．一定量の土壌中にミミズを放ち，1 〜 4 週間のミミズ生育の経時変化を解析する．ミミズの生育に問題がなかった場合は，「ステージ I 」として**通常処方**（各種堆肥での処方）で対応可能であると判断する．

　一方で，ミミズが一定数以上死滅した場合，実験室内で通常処方を行う．その処方を行った後，細菌数が 2.0×10^8 cells/g（土壌）以上に増えた場合を「ステージ II 」とする．細菌数が増加せず N.D. のままの場合，実験室内で**特殊処方**を実施する．

　特殊処方は，各種堆肥と共に大豆カスや米糠などの未発酵・有機資材を用いて処方する手法である．未発酵・有機資材は，土壌微生物を効果的に増加させる機能を有するため，最適量比の未発酵・有機資材を投入することで土壌細菌の回復の成否を試験することができる．細菌数が 2.0×10^8 cells/g（土壌）以上に増えた場合を「ステージ III 」，N.D. のままであると「ステージ IV 」と分類する．

　精密診断で得られた各ステージの解説を表 4.34 に示す．

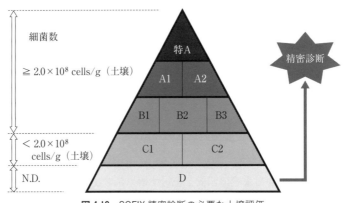

図 4.19　SOFIX 精密診断の必要な土壌評価

⑥処方箋作成例 6 《TC 等バイオマス成分は整っているが細菌数が N.D. の場合》

SOFIX 分析において，評価 D になった圃場 6 の処方箋を考える．

表 4.35 に SOFIX 分析結果（抜粋）を示す．表 4.35 から，圃場 6 の細菌数は N.D. であり，評価 D であることがわかる．処方箋作成で問題となる点は，TC，TN，TP，TK，C/N 比，および C/P 比がすべて基準値や推奨値に入っているにもかかわらず，細菌数が N.D. ということである．このような土壌の場合，土壌燻蒸や農薬の多用，またそれに伴う農薬またはその分解産物の残留を疑う．つまり，土壌燻蒸や残留する化学物質により細菌数が激減していることが考えられる．この圃場 6 の状況をまとめると，SOFIX 分析およびパターン判定結果より，

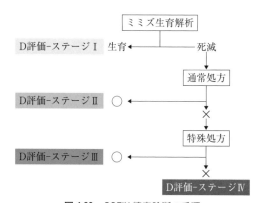

図 4.20　SOFIX 精密診断の手順
○：細菌数が 2.0×10^8 cells/g（土壌）以上に回復
×：細菌数が N.D.

表 4.34　精密診断のステージの解説

D 評価ステージ	解　説
I	通常処方で細菌数が回復する
II	通常処方または特殊処方で細菌数が回復する
III	特殊処方で細菌数が回復する
IV	細菌数の回復は長期間を要する

表 4.35　圃場 6 の SOFIX 分析結果（抜粋）

圃場（畑）	細菌数（$\times 10^8$ cells/g（土壌））	TC（mg/kg）	TN（mg/kg）	TP（mg/kg）	TK（mg/kg）	C/N 比	C/P 比
6	N.D.	25,000	1,500	1,300	2,500	16.7	19.2

表 4.36　圃場 6 の処方前後の数値（有機資材 B と有機資材 D の併用）

圃場 （畑）	細菌数 （×10^8 cells/g（土壌）） 基準値 ≧ 2.0	TC (mg/kg) 基準値 ≧ 12,000 推奨値 ≧ 25,000	TN (mg/kg) 基準値 ≧ 1,000 推奨値 ≧ 1,500	TP (mg/kg) 基準値 ≧ 800 推奨値 ≧ 1,100	TK (mg/kg) 推奨値 2,500 ～ 10,000	C/N 比 基準値 8 ～ 27 推奨値 10 ～ 20	C/P 比 基準値 7 ～ 25 推奨値 10 ～ 20
6（処方前）	N.D.	25,000	1,500	1,300	2,500	16.7	19.2
6（処方後）	2.0 以上になることを期待	26,860	1,680	1,420	2,610	16.0	18.9

何らかの化学物質等が土壌中に存在または蓄積しており，その結果として微生物の生育に適切な土壌環境であるにもかかわらず，細菌数が N.D. になっていると判断される．

　ここでは，圃場 6 の精密検査を行ったところ，「ステージⅢ」であることが明らかとなったという前提条件で処方箋を考えていく（ステージⅢ：ミミズが一定数死滅し，通常処方では細菌数が回復しないが，特殊処方では細菌数が回復する土壌）．

　圃場 6 では，未発酵・有機資材使用による細菌数増加の結果に基づき，次の方針で処方箋を作成する．

　（ⅰ）未発酵・有機資材を中心に処方箋を作成する．

　（ⅱ）細菌数を除き，各成分の分析数値は推奨値や基準値を超えているため，これらの量比のバランスを崩すことなく全体の数値を向上させる．

　処方箋は，微生物の増殖に影響を与えない程度で大豆カスや米糠などの未発酵・有機資材を中心とした処方を行い，副資材的に発酵・有機資材の堆肥を用いていく．具体的には，窒素成分が多い有機資材 C（大豆カス）を「400 kg/10 a」，リン成分が多い有機資材 D（米糠）を「400 kg/10 a」，TC が多く各成分のバランスが取れている有機資材 A（牛糞堆肥）を「500 kg/10 a」用いる．ミネラル（金属）成分が不足している場合には，有機資材 E（魚粉）または有機資材 F（骨粉）を 50 kg/10 a 加える．この処方により，全体の成分がかさ上げされると共にバランスを崩すことなく未発酵・有機資材を適切に投与できる．

　各成分の計算式は前述に従い計算することができる．表 4.36 に処方前後の圃場 6 の各数値を示す．

4.7　SOFIX 診療録（カルテ）および SOFIX 処方履歴の作成

　処方箋を作成後，適切に処方すると農地が改善されていく．継続的に再現性のある農地を維持するためには，医療と同様にどのように処方をしていったかの記録を取り残していくことが極めて重要である．

　SOFIX 診療録の一例を図 4.21 に示す．SOFIX 診療録は，医療で使われているものを参考に

して作成され，「**主訴・症状（subject）**」，「**所見・現状の診断（object）**」，「**評価（assessment）**」，および「**改善計画（plan）**」から構成されている．医療現場では，「subject」，「object」，「assessment」，および「plan」の頭文字をとって「**SOAP（ソープ）**」と呼んでおり，診療記録に欠かせないものとなっている．SOFIX 診療録もこれに準じた形式としている．

　各項目の記載例を下記に示す．

（１）主訴・症状（subject）
（依頼者の訴えをヒアリングで把握する．）
〈例〉化粧品原料となる薬草栽培において，有機栽培を行いたい．有機資材は，地域にあるものを使うことを基本としたい．収穫量も重要であるが，薬効成分が多くなる条件を見いだしたい．本圃場は，有機 JAS 認証を取得している．

（２）所見・現状の診断（object）
（SOFIX 分析結果，栽培歴，病歴の把握を含む．）
〈例〉TC（35,690 mg/kg）は十分含まれており，有機土壌環境になっていると思われる．細菌数も 6.0 億個/g（土壌）であり，また窒素循環活性は 47 点であり問題はない．一方，TN（1,263 mg/kg）は問題ないが，C/N 比が 28 であり，TC と比べると全窒素量がやや不足している．また，リン循環活性について，細菌数が多いのにもかかわらず 6 点と低いのは，TP（574 mg/kg）が少ないためか，あるいは土壌中のミネラル（金属）成分過多によるものが原因であると考えられる．土壌のパターン判定は，パターン 3（A2 評価）であった（図 3.16，図

図 4.21　SOFIX 診療録（例）

3.17 参照）．圃場は，実験圃場であり，薬用植物の有機栽培をしていた．連作障害等の病歴はない．

（3）評価（assessment）
（確定診断を行い，農地症状を決定する．）
〈例〉C/N 比が若干高く，TP が不足している．
　有機土壌環境下であるが，C/N 比が若干高い．有機物のリンが不足しており，またリン循環活性が低い．

（4）改善計画（plan）
（確定診断を踏まえ，依頼者（農家等）の意向を考慮して改善方針を立てる．その改善方針を依頼者に説明し同意を得て，処方録に記載する．）
　（例）TP を増やしていき，C/N 比を三段階に調整した有機施肥を行う．施肥設計方針を説明し，継続的な管理指導を行う旨の同意を得た．

　SOFIX 処方履歴の作成は，処方を行った記録を残す目的で作成するものである．SOFIX 処方履歴の一例を図 4.22 に示す．SOFIX 処方履歴の記載は，処方箋で作成した有機資材名と処方量を具体的に記載し，処方した履歴を把握できるように記録として残す．
　SOFIX 分析結果と MQI・OQI 分析結果を含めた SOFIX 診療録（カルテ），および SOFIX 処方履歴をきっちり管理し，過去の農地履歴や農地処履歴を検索できる体制にすることは，再現性のある物質循環型農業において極めて重要となる．

SOFIX 処方履歴

処方履歴 ID:0000

氏名・会社名	
圃場住所	
栽培作物	
農地区分	畑(露地)、畑(ハウス)、水田、樹園地、その他○をつける)
土　質	

年/月/日	診　断	処方・処置
／／		● ●
診断士	診断士名	印またはサイン

図 4.22　SOFIX 処方履歴（例）

第5章
SOFIX 物質循環型農業の実施例

5.1 水田

（1）日本の水田の状況

　日本の耕地面積における水田の割合は，約54％である．水田環境は，畑環境や樹園地環境と違い，土壌の上に少量の水がゆっくり絶えず流れている特殊な**水圏農地環境**である．水稲栽培中の土壌含水率で考えると，水田は畑と比べて非常に高い含水率を示し，嫌気的な環境になっている．

　水田で多くの化学肥料や農薬を使用すると，農業廃水が川や湖沼そして海に流れ出すため，環境保全の観点から注意が必要である．また，水田に張られた水は地下にも浸透していき，徐々に地下に移動し（12 mm/日）地下水となる．したがって，地下水保全の観点からも十分に留意しなければならない．

　水田では，毎年同じ品種の稲を栽培しているが，畑と比べると連作障害が生じにくい．したがって，農薬等による土壌燻蒸は行われないのが一般的である．連作障害が生じにくい要因は，土壌の上に水が流れることにより，化学肥料などの水溶性の物質が洗い流され，毎年菌叢を含めた土壌環境がリセットされるためであると考えられている．

　かつて水稲栽培での作業は，田植え，除草，稲刈り，乾燥，そして脱穀作業等を人手で行っていたため，重労働であった．余剰残渣（バイオマス）として生じる稲わらは，家畜の敷料として利用され，その後，家畜糞と共に堆肥化され水田などの農地に還元されていた．また余剰残渣（バイオマス）である籾殻も燻炭等に再加工され，同様に農地還元が行われていた．

　現在ではいろいろな農機具が開発され，少人数で広い水田を管理できるようになっている．稲刈り後に生じる稲わらは，化学肥料の使用により堆肥化される割合が大きく減少し，稲わらは稲刈りと同時に裁断され，直接水田に還元されている．昨今，稲わらの入手が難しくなっているのはそのためである．

　全国の水田のSOFIXデータを畑のSOFIXデータと比べると，水田において全炭素（TC）は低い数値を示している．また，その数値の幅はどの地域もほぼ同じである（図3.12参照）．タイやインドネシアなど，海外の水田のTCを調べたところ，低いところから高いところまで

分布しており，日本の水田環境における TC 分布とはかなり異なっていた．これは日本において，水稲栽培の農法が全国ほぼ同じであることを意味し，均一な TC 分布は稲わらをすき込むことに起因していると推測される．

（2）冬季湛水水田（冬水たんぼ）

　サントリーホールディングス（株）は熊本県益城町において，2010 年 11 月から水源涵養のため「冬水田んぼ（冬季湛水）」を実施している（図5.1）．冬の間も水を張ることで，より豊かな地下水と，水田をめぐるより豊かな自然環境を育む試みである．

　冬季湛水することにより，空気中の窒素を取り入れる藻類や窒素固定細菌が継続的に活動し，土壌中への窒素還元や水中への酸素供給を行う．それに伴い植物性プランクトンが発生し，これを餌とする動物性プランクトンが増殖する．その後，メダカ，ドジョウ，カエルなどの小動物が生息するようになり，それらを餌とする水田の生態系の頂点である水鳥が飛来する．このようにして生まれた植物連鎖の輪から，生き物の排泄物等が微生物により分解され肥料成分として循環する．

　この試みのさなか，2016 年 4 月に震度 6 強の大地震が熊本県を数度襲った（熊本地震）．冬水田んぼのある熊本県益城町は，最も大きな被害を受けた地域の一つであった．この大地震により冬水田んぼやその周辺地域において，1 m の深さの断層が数百メートルにわたり表出した．その後，水田修復と共に生物多様性を意識した水溜まり（図5.2）や水路（図5.3）が創生され，創造的復興が継続的に実施されている．

　有機的環境で安定的な水稲栽培を継続したいという主訴と生物多様性の観点から，冬水田んぼの生物性，特に微生物や微生物活性を調べるため SOFIX 分析を実施した（表5.1）．

　SOFIX 分析の結果，細菌数は多く，有機物量も一定以上存在しており，冬水田んぼは有機

図 5.1　熊本県益城町で行われている冬水田んぼ（2010 年 11 月〜）

図5.2 創造的復興により設置された水溜まり

図5.3 創造的復興により設置された水路

表5.1 冬水田んぼの SOFIX 分析結果（抜粋）

細菌数 （× 10⁸ cells/g（土壌））	TC （mg/kg）	TN （mg/kg）	TP （mg/kg）	TK （mg/kg）	C/N 比
11.7	15,000	1,500	1,300	3,600	10.0

的な環境であることがわかった．一方，C/N 比が 10 と低く，全窒素（TN）も多い結果であった．この水田環境は，冬季に湛水状態を維持しているため，通常の水田と異なり嫌気的環境が長く維持されている．したがって，窒素固定細菌の活動が冬季も継続するため，TN が高くなっていることが推測された．

そこで，C/N 比をできるだけ 20 程度に調整していくことを念頭に，処方箋を考える方針とした．具体的には，TN が高いと稲が成長し倒伏の可能性が高まること，また食味に配慮して，数年後に C/N 比を 20 程度にする計画とした．

まず地域にある有機物を分析し，本処方に適した有機資材の探索を行った．その結果，熊本特産の馬肉生産現場から得られる馬糞堆肥において成分バランスが取れていることがわかり，採用することとした．また TC を上げるため，本地域に繁茂している竹林の竹処理から得られる竹チップを竹粉加工し使った．さらに，全リン（TP）の成分を整え，雑草抑制効果がある米糠も併せて処方した．

これらの処方を繰り返すことにより，3 年目での C/N 比は 18.8 まで向上し，他の項目もほぼ理想的な水田環境となった．この水田は化学肥料を使っていないため，夏場でもほとんど水草等は現れない状況であった（図5.4）．また，年々生物多様性が向上していることも明らかとなっている．

図5.4　SOFIX 処方を実施した水田

（3）水田中の藻類や水草

　関西の水田において，化学肥料や農薬の低減を要望され SOFIX 処方を実施した．本圃場は
これまで典型的な慣行農法を実施していた．細菌数は平均的であったが，有機物量が全体的に
不足していた．そこで SOFIX 有機区は，牛糞堆肥を中心とした有機施肥を実施し，慣行区と
比較した．

　その結果，SOFIX 有機区においては，水田の表面に現れる藻類や水草が顕著に減少し，水
の透明度が向上した（図5.5）．一方で慣行区においては，化学肥料は水に溶けやすいため，稲
に吸収されなかった過剰な化学肥料成分が水中に溶け出したことで水中の窒素，リン，および
カリウム成分が増え，藻類や水草が増えたものと思われた．

　これについて，有機物を中心に施肥した SOFIX 有機区では，投入した有機物は土壌中で
徐々に無機化されていくが，無機化された窒素，リン，そしてカリウムは水中に溶離する前に
稲に吸収されるため，水中に溶離する無機物は慣行区と比べ少なくなったと考えられた．その
結果，水田の水中の窒素，リン，およびカリウム成分が少なくなり，藻類や水草の生育が抑え
られ，水の透明度が高いまま維持されたものと思われた．

　有機肥料を水田に施肥した場合，有機物自体が水に溶けにくいこと，また無機化が徐々に
進行することから，水中への肥料成分の溶け込みは化学肥料施肥と比べると少なくなる．適切
に化学肥料を投与した場合，水田中に溶離する肥料成分は少ないが，過剰投与の場合には，水
中の肥料成分が増大するため，これらが藻類や水草の肥料となり生育が顕著になったものと思
われた．水田の水は絶えず流れており，溶離した肥料成分が河川，湖沼，また海へ流出される
ため，これらの水圏環境での富栄養化を引き起こし藻類や水草の繁茂を引き起こす原因とな
る．

　筆者が住んでいる滋賀県は，日本最大の湖である琵琶湖がある．高度経済成長期において，

図 5.5 SOFIX 有機区と慣行区の水田比較. 口絵 3 参照.

琵琶湖は富栄養化に伴う水質汚染が頻繁に見られた. 1970 年代後半, 琵琶湖の淡水赤潮の発生を機に, 主婦層を中心に合成洗剤の使用をやめて粉石けんを使おうという運動, いわゆる「石けん運動」が滋賀県全域で展開され, 琵琶湖水圏環境保全に貢献した. その後, 下水道が完備され家庭から琵琶湖に流入する水質は大きく改善された.

　現在, 問題となっているのは琵琶湖南湖を中心とする水草の繁茂である. 在来種に加え, オオバナミズキンバイなどの外来種も頻繁に見られるようになり, その除去に多大なコストと労力が割かれている (図 5.6). この要因の一つとして考えられるのは, 水田等の農地から出る肥料成分を多く含んだ排水である. 農業現場における環境保全が今後の課題である.

図 5.6 琵琶湖南湖の水草 (11 月)

5.2　畑

（1）日本の畑の状況

　日本の耕地面積における畑の割合は約 26 ％であり，水田に次ぐ広さである．畑の割合が高い地域は北海道である．大規模な農場で知られる北海道の水田率は低く（約 19 ％），いも類や雑穀類が広大な露地で栽培されている．一方，都市近郊型農業は，ビニールハウスやガラス室などの施設栽培が多く，葉菜類や果菜類などが栽培されている．

　畑の土壌環境は水田とは大きく異なり，好気的環境である．畑での農産物栽培も，水田とは異なり多品種を連作することが多い．ハウス栽培では，小松菜等の葉菜類を年数回以上栽培していることが多く，連作障害が多々認められている．連作障害の対策としては，農薬や太陽熱を用いた土壌燻蒸や輪作が行われているが，農薬コストや労働力などの負荷が大きいことから，畑における連作障害を課題に挙げる農業従事者は少なくない．

　全国の畑の SOFIX データを水田と比較してみると，TC，TN，そして細菌数等，広範囲に分布している．同一地域において，慣行農法を行っている農地は，有機農法を行っている農地と比べると明らかに TC や細菌数が低いことも特徴の一つである．このように，畑においてこれらの数値が広範囲に分布することは，地域による土質の影響もあるが，農法の違いが主要因であると考えられる（図 3.9 参照）．

（2）葉菜類の栽培（実験室）

　SOFIX 有機標準土壌（3.8 節参照）の性能評価を行うため，葉菜類の生育を実験室で行った．実験は，植物育成室（23 ℃ /12 時間：光あり，12 時間：光なし）で行い，表 5.2 に示す植物種を使用した．植物は，農業でよく栽培されている科の異なるものを選択した．それぞれの植物に適した化学肥料を施肥し，有機土壌は SOFIX 有機標準土壌（SOFIX 評価：特 A）を用いた．栽培は，1 週間発芽させたのち，それぞれ 2 本または 4 本の苗を定植し 5 週間栽培を行った．それぞれの植物の生育を図 5.7 ～ 5.11 に示す．

　いずれの植物も良好な生育を示し，SOFIX 有機標準土壌の方が 20 ～ 40 ％高い生重量を示した．このように SOFIX 有機標準土壌において，化学土壌と比べて遜色ない生育を示したことから，SOFIX 有機標準土壌の有効性が示された．これらの結果から，葉菜類において，畑の特 A の条件になるように土壌を調整すれば，良好な生育が得られるものと考えられた．

表 5.2　使用した植物種

和名	科	学名
コマツナ	アブラナ科	*Brassica rapa var. perviridis*
シュンギク	キク科	*Glebionis coronaria*
インゲンマメ	マメ亜科	*Phaseolus vulgaris*
シソ	シソ科	*Perilla frutescens var. crispa*
ナバナ	アブラナ科	*Brassica rapa*

化学区　　　　　　　　SOFIX 有機標準土壌区

図 5.7　小松菜の栽培

化学区　　　　　　　　SOFIX 有機標準土壌区

図 5.8　シュンギクの栽培

化学区　　　　　　　　SOFIX 有機標準土壌区

図 5.9　インゲンマメの栽培

化学区　　　　　　　　　SOFIX 有機標準土壌区

図 5.10　シソの栽培

化学区　　　　　　　　　SOFIX 有機標準土壌区

図 5.11　ナバナの栽培

（3）葉菜類の栽培（露地）

　農水省プロジェクトの「革新的技術開発・緊急展開事業（うち経営体強化プロジェクト）」において，「生物性を評価できる土壌分析・診断技術の開発および実証」を行った（2017 ～ 2019 年度）．プロジェクトの内容は，SOFIX を中心とする評価・実証であり，化学肥料と農薬の 3 割削減を目指すものであった．静岡県浜松市，滋賀県草津市および守山市，山形県村山市から約 60 の農家が参画し実証を行った．

　浜松市の参画農家で，葉菜類を栽培している圃場の SOFIX 分析結果の経時変化を表 5.3 に示す．当該農家は慣行農法を行っており，すぐに完全な有機農法に移すのは難しいため，徐々に移行することとした（有機肥料と化学肥料併用のハイブリッド型）．浜松地域の沿岸部は砂質のところが多く，TC の少ない農地であったため，TC 等の有機物量を増やすことが最大の課題であった．

　SOFIX 処方は，地域にある堆肥を中心に TC を増やすことに重点を置いた．有機物の投入量は，上限である 4 ～ 5 トン /10 a を投入した．その結果，TC の経時変化の値は徐々に上昇した．細菌数も有機物の投入に応じ増えていき，SOFIX 評価は C 評価から B2 評価まで向上した．

　本圃場では，葉菜類であるサニーレタスやグリーンリーフレタスを中心に栽培しており，これらの葉菜類は窒素分を要求する植物で，TN の減少が顕著であった．2018 年度に栽培したサニーレタスと 2019 年度に栽培したグリーンリーフレタスの様子を図 5.12 と図 5.13 に示す．

　3 か年のプロジェクトにおいて，いずれの年度においても SOFIX 区の方の収穫量が多かった．化学肥料の削減は，20 〜 40 ％達成できたが，農薬の削減は 20 ％程度であった．営農を行いながらプロジェクト研究を実施するという難しい側面があったが，ある程度の化学肥料と農薬の削減が達成できた．

表 5.3 浜松市の圃場の SOFIX 分析（抜粋）

年月	細菌数 (cells/g（土壌）)	TC (mg/kg)	TN (mg/kg)	窒素循環 活性（点）	リン循環 活性（点）	SOFIX 評価
2017 年 8 月	0.5	3,800	640	2	25	C
2018 年 8 月	1.2	5,700	1,050	28	17	C
2019 年 1 月	7.4	13,800	820	53	65	B2
2019 年 11 月	3.2	15,600	510	19	15	B2

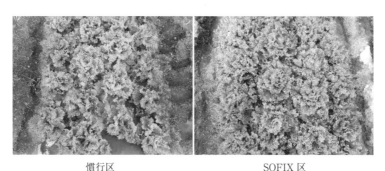

慣行区　　　　　　　　　　　　　　SOFIX 区

図 5.12 浜松におけるサニーレタスの栽培（2018 年度）

慣行区　　　　　　　　　　　　　　SOFIX 区

図 5.13 浜松におけるグリーンリーフレタスの栽培（2019 年度）

（4）トマトの栽培（露地）

SOFIX による本格的な実証試験に最初に取り組んだのは，トマト（ナス科，*Solanum lyco-persicum*）であった．圃場は，JA おうみ冨士より借用した農地で，5 年間（2011 ～ 2016 年）トマト栽培を実施した．当初は，小石や雑草の除去等，圃場の整備から開始し，トマトの有機栽培ができるか否か，手探りの状況からのスタートであった（図 5.14）．

実験初年度は，トマト栽培における有機施肥の量が確定されておらず，堆肥等の有機肥料の投入は，有機肥料中の無機成分量を化学肥料の施肥基準に合わせることで行った．

その結果，肥効の持続は順調であったが，明らかな過剰施肥であることが判明した．このことから，有機資材の施肥は，有機物中の無機物の量を指標とするのではなく，有機物を指標として行わなければならないことがわかった．これは，現在の SOFIX 基準値および推奨値の考え方につながっている．

実験 2 年目では，栄養成長を中心に施肥設計を行った．その結果，トマトの生育は非常に順調で，SOFIX 区は慣行区に比べ 2 倍近い生育を示したものの，トマトの収穫量は慣行区の 1/2 程度であった．このことから，トマトのような果菜類は**栄養成長**と**生殖成長**の関連から，果樹を多く収穫するためには，TN 量の制御が重要であり，トマト栽培における C/N 比は 20 前後が適していることが明らかとなった．

実験 3 年目からは，トマトの栽培における SOFIX 最適値がほぼ明らかとなり，トマト栽培における SOFIX の最適条件を決定すること，また再現性を得ることを目的に実験を行った．実験は，慣行区をコントロールとして，SOFIX 区 -1（C/N 比を 20 程度に設定し，有機物施肥量が多い区）および SOFIX 区 -2（C/N 比を 20 程度に設定し，有機物施肥量が少ない区）で各種実験を繰り返した．各実験区に 60 本（畝 3 列 × 20）のトマトの苗を 5 月 1 日に定植した（図 5.15）．トマト生育の様子を図 5.16 に示す．

各区の施肥条件（抜粋）を表 5.4 に示す．SOFIX 区は，牛糞堆肥を主要有機肥料として用い，大豆カスで TN を調整し，C/N 比を 20 に合わせた．慣行区も SOFIX 区と同様に TC，TN，および C/N 比を示しているが，化学肥料の施肥と追肥は一般的なトマトの施肥基準に従った．

図 5.14　SOFIX 実験圃場（JA おうみ冨士）

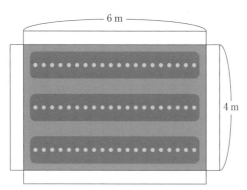

図5.15 トマト定植図（SOFIX実験圃場）

図5.16 トマト成長の様子（SOFIX実験圃場）

表5.4 SOFIX分析（施肥後）

実験	TC（mg/kg）	TN（mg/kg）	C/N比
SOFIX区-1	36,000	1,800	20
SOFIX区-2	27,000	1,400	20
慣行区	16,000	1,000	16

　収穫重量の経時変化を図5.17に示す．定植時からトマトの成長はおおむね同程度であったが，7月後半から慣行区は追肥を行っても樹勢の衰えが認められ，その後の収穫量は大きく伸びなかった．一方，SOFIX区は8月に入り収穫量の上昇率は幾分鈍ったが，うちSOFIX区-1は8月後半になっても収穫が継続した（SOFIX区はいずれも追肥なし）．7月後半の圃場の様子を図5.18に示す．

　糖度，酸度，糖酸比，ビタミンC量は，慣行区よりSOFIX区の方が高かったが，統計処理では有意な差は認められなかった．一方，リコピン量やグルタミン酸含有量はSOFIX区において顕著に高くなっていた（20〜30％）．また，トマト果実内のポリガラクツロナーゼ活性（トマト成熟化酵素）を調べたところ，慣行区の方が本酵素活性が高かった（有意差あり）．この酵素は，トマト果実の保存安定性に関与するため，室温で1か月間保存安定性実験を行った

ところ，SOFIX 区の軟化の速度が明らかに遅くなっていた（図 5.19）.

　一連のトマト栽培において，トマト栽培では栄養成長と生殖成長の両方を意識した施肥設計が必要であり，畑の推奨値や基準値を用い，C/N 比を 20 程度に調整することにより，再現性のあるトマト有機栽培が可能となった.

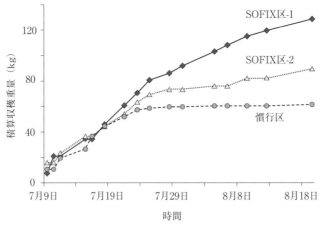

図 5.17　トマト収穫量の経時変化

慣行区　　　　　　　　　　　　　SOFIX 区

図 5.18　トマトの成長

慣行区　　　　　　　　　　　　　SOFIX 区

図 5.19　1 か月間室温に静置したトマトの形状比較

5.3 樹園地

（1）日本の樹園地の状況

日本の耕地面積における樹園地の割合は，約7％である．樹園地は，中山間地に設置されることが多く，リンゴ，ナシ，ブドウ，柿，オリーブ，チャノキ，桑等，多くの植物種が栽培されている．樹園地は，畑の環境に似ているが，長年同じ樹木を栽培して農産物を収穫する点が畑とは大きく異なる．樹園地は畑のように定期的な耕耘ができないため，樹園地の土壌環境は畑と違う点がみられる．表5.5にこれまでに分析してきたSOFIXデータベースから，樹園地，畑，および水田の主要SOFIX項目の平均値を示す．

樹園地の細菌数は，水田や畑と比較すると少ない傾向である．これは，水田や畑のような定期的な耕耘ができないことによるものかもしれない．TC，TN，TP，および全カリウム（TK）は畑と水田の中間に位置しており，施肥条件が異なることが影響を与えていると思われる．

樹園地，畑，そして水田の違いや特徴を解析するため，細菌数とTCの関係を調べた（図5.20〜図5.22）．これらの結果から，樹園地のTCは畑と水田の中間であったが，細菌数は最も少ないことがわかった．また，樹園地における細菌数とTCの関係は，畑と類似していた．

次に，樹園地，畑，および水田におけるTCとTNの関係について解析した（図5.23〜図5.25）．その結果，TCとTNの関係において，樹園地と畑は類似しており，比較的広範囲に分布していた．一方，水田は狭い範囲に収束しており，それは日本における水田の農法がほぼ均一であるためと考えられた．

同様に，樹園地，畑，および水田においてTCとTPの関係について解析した（図5.26〜図5.28）．その結果，樹園地のTCは広範囲に分布していたが，TPの分布は，比較的均一であった．また，TCとTPの関係は，樹園地，畑，および水田において大きく違っており，樹園地におけるTPの挙動が特徴的であった．

表 5.5 樹園地，畑，および水田における各項目の平均値

圃場	細菌数（$\times 10^8$ cells/g（土壌））	TC (mg/kg)	TN (mg/kg)	TP (mg/kg)	TK (mg/kg)	C/N 比	C/P 比
樹園地	7.4	24,000	1,460	1,030	5,370	19	27
畑	8.0	33,120	2,010	3,250	8,600	20	31
水田	12.9	15,420	1,080	880	3,270	16	24

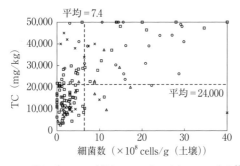

○：リンゴ，×：ブドウ，□：チャノキ，△：その他
図 5.20　樹園地における細菌数と全炭素（TC）の関係

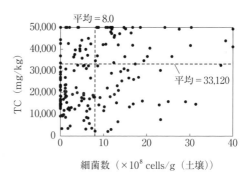

図 5.21　畑における細菌数と全炭素（TC）の関係

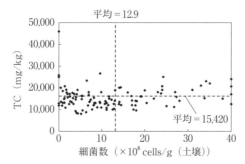

図 5.22　水田における細菌数と全炭素（TC）の関係

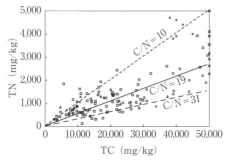

○：リンゴ，×：ブドウ，□：チャノキ，△：その他
図 5.23　樹園地における全炭素（TC）と全窒素（TN）の関係

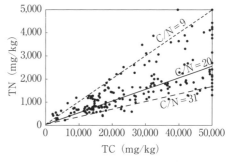

図 5.24　畑における全炭素（TC）と全窒素（TN）の関係

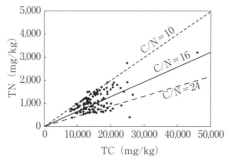

図 5.25　水田における全炭素（TC）と全窒素（TN）の関係

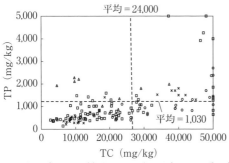

○：リンゴ，×：ブドウ，□：チャノキ，△：その他

図 5.26 樹園地における全炭素（TC）と全リン（TP）の関係

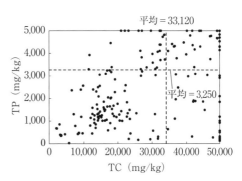

図 5.27 畑における全炭素（TC）と全リン（TP）の関係

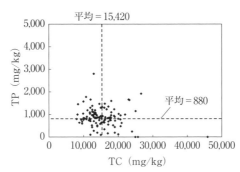

図 5.28 水田における全炭素（TC）と全リン（TP）の関係

（2）リンゴ

リンゴは，4,000 年前に栽培が始まったといわれており，世界で最も古い作物の一つである．リンゴはバラ科（*Malus domestica Borkh*）の落葉高木であり，年平均気温：6 〜 14 ℃，降水量：1,000 〜 1,500 mm，日照時間：1,800 時間程度が好適である．また，土壌 pH 5.5 〜 6.5，有機物と窒素・リン酸・カリウムが豊富で排水性の良い土壌が適しているとされている．リンゴ栽培の特徴として，多くの病気が発生しやすく，害虫がつきやすいことなどがあり，多く農薬が使用されている．日本国内におけるリンゴ生産量は，青森県と長野県が多く，日本のリンゴ生産の約 77 ％ を占める二大リンゴ生産地となっている．

リンゴ生産において，隣接した農地（各 30 a），同じ樹齢，同じ気象条件，そして同じ農法としているが，収穫量が大きく違う圃場があった．収穫量に差が出る原因を調査する目的で，両圃場の SOFIX 分析を行った．その結果を表 5.6 に示す．

いずれの圃場も TC，TN，TP，TK のすべてが多く含まれる有機的な環境であり，細菌数も多かった．両圃場を比較すると，細菌数と TK はほぼ同じ数値を示したが，TC，TN，および TP は圃場 B の方が圃場 A よりも 1.6 〜 2.5 倍程度高くなっていた．また，$NO_3^- - N$，SP（水溶性リン），および SK（水溶性カリウム）の値も圃場 B の方が 2.5 〜 7.7 倍程度高く，無

表 5.6　収穫量が異なる隣接するリンゴ圃場の SOFIX 分析（抜粋）

圃場	細菌数 （×10^8 cells/g（土壌））	TC (mg/kg)	TN (mg/kg)	TP (mg/kg)	TK (mg/kg)	NO$_3^-$-N (mg/kg)	SP (mg/kg)	SK (mg/kg)	前年度 収穫量 (kg/10 a)
A	14.0	42,830	4,570	3,200	4,770	1.3	57	214	3,000
B	13.0	70,900	8,830	8,070	5,000	10	430	533	2,000

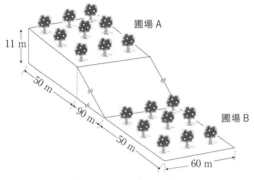

図 5.29　リンゴ圃場の概要

機物の方がより顕著に蓄積していた．これらの結果から，圃場 B の方が有機物や無機物の蓄積傾向があることが明らかとなった．

　樹園地は中山間地に作られることが多いため，リンゴ圃場の地形調査を行った．その概略図を図 5.29 に示す．圃場 A は圃場 B の上流域に位置しており，その高低差は約 11 m あった．このことから，同じ農法を実施しているにもかかわらず，下流域に位置する圃場 B の方の有機物や無機物の蓄積が多く，その蓄積物は長年にわたり降雨等で上流域から下流域に向け有機物や無機物の成分が移動したことによるものと考えられる．これらの成分の蓄積により，圃場 B の方が肥料過多になり，樹木の生育が抑制されたことから，収穫量に差が生じたと考えられる．

　このように，中山間地に作られた樹園地は，上流域と下流域で同じ施肥を行っているにもかかわらず，肥料成分の蓄積が違う場合がみられることがある．定期的に土壌分析を実施し，肥料成分を制御することが必要である．特に，化学肥料を使っている場合は，肥料成分が水に溶けやすいためその傾向はより強くなるものと考えられる．

（3）茶

　茶は世界で愛飲されている飲料の一つであり，紅茶，烏龍茶，緑茶などがある．これらは，チャノキ（ツバキ科，*Camellia sinensis*）の葉を加工した飲料とされている．紅茶は完全発酵茶，烏龍茶は半発酵茶であり，これらの発酵は生葉中に存在する酸化酵素によるものである．緑茶は不発酵茶であり酸化酵素を失活させて加工したものである．

　日本の茶の生産量は約 85,000 トンであり，世界第 10 位である．日本では，静岡県，鹿児島

表5.7 チャノキ栽培における慣行農法と有機農法圃場の SOFIX 分析比較（平均値）

農法	細菌数 （$\times 10^8$ cells/g（土壌））	TC （mg/kg）	TN （mg/kg）	TP （mg/kg）	TK （mg/kg）	pH
慣行農法 （61圃場）	2.6	15,630	930	700	6,560	3.8
有機農法 （7圃場）	22.0	48,910	4,580	2,520	2,720	4.0

県，三重県の中山間地において茶の生産量が多い．チャノキの栽培のほとんどが慣行栽培であり，有機栽培は2％程度である．日本におけるチャノキ栽培は，多くの種類の農薬を使う栽培が一般的であるが，アメリカ，オーストラリア，ベトナム，台湾等，非常に厳しい残留農薬基準を設けている国は少なくない．

　樹園地に位置づけられるチャノキ栽培の土壌の状態を解析するため，関西を中心とするチャノキ栽培地域において，68圃場の SOFIX 分析を実施した．これらの圃場のうち61圃場は慣行農法であり，7圃場は有機農法でチャノキを栽培していた．これらの圃場の SOFIX 分析結果（平均値，抜粋）を表5.7に示す．

　チャノキ土壌の特徴として pH が低く，慣行農法および有機農法共に pH 4程度であった．これは，長年の栽培においてチャノキの根から分泌された有機酸等による酸性物質の影響によるものかもしれない．一方有機物量の値は TC，TN，TP は有機栽培の方が明らかに高く，慣行区は低かった．チャノキ栽培は樹園地で行われており，樹木からの落葉等による有機物の蓄積が考えられるが，チャノキの場合，新芽の刈り取り等で落葉が少ないため，有機物の蓄積は低い傾向であったと思われた．

　細菌数においては，有機栽培の方が圧倒的に多かった．これは，有機栽培の土壌中の有機物量が多いことに起因していると思われるが，農薬の使用量とも関連していると考えられた．慣行栽培の61圃場のうち，33圃場（約54％）は 2.0×10^8 cells/g（土壌）未満であり，そのうち6圃場（約10％）は N.D.（検出限界以下）であった．このように，チャノキ栽培においては，慣行栽培と有機栽培では土壌環境に大きな差が認められた．図5.20で示している樹園地における細菌数と TC の関係において，チャノキ栽培土壌の細菌数はリンゴやブドウ等と比べて低い．もともと細菌数が少ないことと，土壌中の残留農薬がチャノキ栽培土壌の細菌数の減少につながっているのかもしれない．

5.4 その他の植物

（1）桜（樹木）

　筆者が勤務している立命館大学，びわこ・くさつキャンパス（BKC キャンパス）は，琵琶湖の南東（滋賀県草津市）に位置し，山を造成し1994年に開設された．敷地面積は約61 ha（甲子園球場の約16倍）と広大であり，四季を感じさせるさまざまな樹木が植えられている．

　　正門からグランド周辺には，63 本の桜が植えられており，4 月には桜の花で新入生を迎えられるよう設計されている．キャンパス開設から 25 年以上が経過し，桜の樹木が順調に成長しているエリア（図 5.30）と，ほとんど成長していないエリアが認められた．

　　63 本のなかで，花をつけない桜が約 20 ％存在し，それらの多くは正門の近くに位置していた（2015 年外部調査）．生育が悪い桜の中には，幹にキノコが寄生しているものも認められた（図 5.31）．

　　図 5.32 に示すこの桜は，樹皮が簡単に剥がれ，中には多くのシロアリも生息していた（図 5.33）．この桜は，樹勢が弱ったことにより，シロアリが寄生し，その残渣を養分としてキノコが生育したと推察された．このような土壌状況から，土壌の肥沃度向上が桜の再生につながると考えた．

　　大学からの依頼を受け，これらの生息が悪い桜について，SOFIX による土壌診断を実施したところ，細菌数は問題なく，また農薬等の影響は受けていなかったが，有機物が少なく循環

図 5.30　樹勢のよい桜

図 5.31　キノコが生えた桜

図 5.32 樹皮が剝げた桜

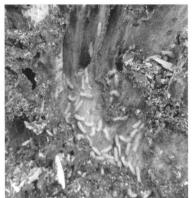

図 5.33 白アリが生息していた桜

系が十分に機能してないことが明らかとなった（判定：B3）（図 5.34）．また，土壌 pH が 8.3 と非常に高く，何らかの原因で土壌がアルカリ性になっていることもわかった．

　12 本の樹勢が悪い桜について，桜の根を傷つけないように土壌を掘り出したところ，一部において根周辺から多くのコンクリート片が出てきた（図 5.35）．雨水などにより，これらのコンクリート片からカルシウム成分が少しずつ溶出し，土壌 pH がアルカリ性にシフトしたものと考えられた．その後，可能な限りコンクリート片を取り除き，施肥設計手順に従い，MQI 分析を行い肥料成分を明らかにしたうえで，地元の牛糞堆肥を中心に有機物投与を行った（図 5.36）．

　シロアリが寄生していた桜も同様に SOFIX 分析後，有機物を処方した．1 年後および 1 年 9 か月後の当該桜樹木の様子を図 5.37 に示す．1 年目は，数えるほどの桜の開花しか認められなかったが，その翌年は多くの桜の花が開花し，樹勢がかなり回復した．花をつけなかった桜

<パターン判定>

項目	実測値	低	適	高
◆ 総細菌数(億個/g（土壌）)	8.0		■	
◆ 全炭素 (TC) (mg/kg)	12,000	■		
◆ 全窒素 (TN (N)) (mg/kg)	800	■		
◆ 窒素循環活性評価値 (点)	14	■		
◆ リン循環活性評価値(点)	3	■	■	
◆ C/N比	15		■	

判定　B3

診断　「有機物が不足している．土壌 pH 上昇がみられる．」

処方　「有機物の適切な処方を行い，物質循環系を活性化し，pH の改善も行う．」

図 5.34　樹勢が弱い桜の SOFIX パターン判定

図 5.35　桜の根周辺の土壌の掘り出しおよびコンクリート片

図 5.36　SOFIX 処方箋に基づく掘り出した土壌への有機物投与

の樹々に SOFIX 処方をした全景を示す（図 5.38）．このように桜の開花だけでなく，処方した土壌周辺には，多くの草が茂っており，土壌の肥沃度が樹木を活性化させた．これらの樹勢を維持するためには，年に一度程度，樹木の表土を少し掘り，堆肥等の有機物を施肥することが有効であると考えられる．樹園地の場合は，田畑と違い耕耘が十分にできないため，有機資材を上部から広げていく手法が一般的である（オーバースプレッディング法）．

①処方前　　　　　　　②処方直後（7月）　　　　③処方9か月後（4月）

④処方1年後（7月）　　　⑤処方1年9か月後（4月）

図 5.37 シロアリが寄生していた桜の SOFIX 処方による変化

図 5.38 SOFIX 処方をした桜

（2）イチョウ（樹木）

　植物は気温や降水量等の地域特性により，生息地が異なっている．イチョウ（*Ginkgo biloba*）は，年平均気温が 0 〜 20 ℃，降水量 500 〜 2,000 mm の地域に分布している．北半球ではメキシコからアンカレッジ，南半球ではプレトリアからダニーデンの範囲で生育している．イチョウは木本性の植物であり，樹高 20 〜 30 m，幹直径 2 m の落葉高木に分類され，中国が原産といわれている．雌雄異株の**裸子植物**で，種子は銀杏（ギンナン）と呼ばれ，食用や漢方薬として用いられている．銀杏の生産地としては愛知県祖父江町が有名である．

　イチョウは秋，黄色に色づくため，街路樹や大学のキャンパスにも多く植えられており，季節を感じさせてくれる．筆者が紅葉シーズンにイギリスのロンドン大学を訪問した際，キャンパス内で，今までに見たことがないくらいの，驚くほどの大きさのイチョウの落葉を目にした（図 5.39）．

　イチョウの葉の大きさは，木の大きさだけでなく，生育している土壌に関係しているのではないかと考え，帰国後，出張その他でイチョウの落葉を採取して回った．東京大学や東北大学のキャンパスにも立派なイチョウが茂っており，ほぼ同時期に採取したイチョウの葉の大きさを比較した（図 5.40）．

図 5.39　ロンドン大学のイチョウ

ロンドン大学　　　東京大学　　　　東北大学　立命館大学
図 5.40　イチョウの葉の比較

　このように，同じ植物種にもかかわらず，葉の大きさは随分違っていた．前項で示している桜の例のように，立命館大学 BKC キャンパスは，土壌の肥沃度が劣ることから，このような差が生じたと考えた．そこで，イチョウ周辺の SOFIX 分析をしたところ，C 評価であったため，土壌の改善に取り組むことにし，図 5.41 に示す生息の悪いイチョウを図 5.42 のイメージのように生育させることを目指した．

　学生・院生と共に，改善するイチョウの周りの土壌を掘り起こし，処方箋に基づき処方を実施した（図 5.43）．

　一年後のイチョウの葉の様子を図 5.44 に示す．このように，SOFIX 区ではイチョウの葉が大きくなったほか，TC と細菌数が約 2 倍になっており，その他の項目も向上し土壌肥沃度改善の効果（A 評価に向上）が出たものと思われた．図 5.45 にイチョウの葉の比較を示す．このように，土壌肥沃度が改善されることにより，葉の大きさが著しく大きくなったものと思わ

図 5.41　BKC キャンパス内に植えられたイチョウ（15 年間生育）

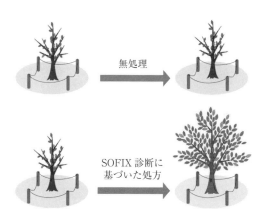

図 5.42　土壌肥沃度向上によるイチョウの生育実験イメージ

れた．同時に測定したクロロフィル量も 2 倍近くまで増加しており，樹勢を強化させた．

　2 年目も同様の SOFIX 処方を実施し，その際のイチョウの葉の様子と全景を図 5.46 と図 5.47 に示す．2 年目は，主幹から茎が多数出現し，蘖（ベーサルシュート，Basal shoot：樹木の切り株や根元から生えてくる若芽のこと）も多数観察された．

図 5.43　イチョウ周辺の土壌の改善

無処理区　　　　　　　　　　　　　　　　SOFIX 区

図 5.44　イチョウの葉の様子（1 年後）

処方前　　　　　　処方1年後

図 5.45 SOFIX 処方前後のイチョウの葉

無処理区　　　　　　　　　　　SOFIX 区

図 5.46 イチョウの葉の様子（2 年後）

無処理区　　　　　　　　　　　SOFIX 区

図 5.47 イチョウの全景（2 年後）

　同様のSOFIX処方を年1回繰り返すことにより，SOFIX区のイチョウは明らかに大きく成長した．3年後のSOFIX分析の結果は，特A評価まで向上していた．3年後の様子を図5.48および図5.49に示す．

　その後，継続的な処方により特A評価を維持しており，5年後には，出現していた葉が大きくなり，主幹と共に成長した（図5.50）．

　樹木の土壌管理において，一連のSOFIX処方を継続することにより，土壌肥沃度が向上し

無処理区　　　　　　　　　　　　　SOFIX区

図5.48　イチョウの葉の様子（3年後）

無処理区　　　　　　　　　　　　　SOFIX区

図5.49　イチョウの全景（3年後）

無処理区　　　　　　　　　　　　SOFIX 区

図 5.50 イチョウの全景（5 年後）

　樹勢を回復させることができた．樹木の場合は，畑や水田のように耕耘することができないため，主幹の根本周辺上部から適切な有機物量を入れていく**オーバースプレッディング法**（土壌の上層部から有機資材を広げていく手法）により，秋口に継続的な処方をしていくことが有効である．

（3）芝生

　芝草は，イネ科の多年草に属する植物の俗称である．芝草には，イネ，ムギ，ヒエ，トウモロコシをはじめ，家畜の飼料になる牧草類も含まれており，その数は 5,000 種以上にのぼる．このうち，芝地，ハイウェイ，堤防などの土壌浸食防止に使われている草種は，40 ～ 50 種類である．ゴルフ場で利用されている草種に限定すると，その数はベントグラスや高麗芝など約 20 種類になる．芝草は，さらに温帯冷涼湿潤地帯に適するものを「寒地型草種」，温暖地に適するものを「暖地型草種」と分類している．

　芝生とは，芝草が密集して生えている状態のことを指す．芝生は，庭園における利用だけでなく，ゴルフ場，野球場，およびサッカー場等，さまざまなスポーツ場に利用されている．なかでも，ゴルフ場における芝生の役割は大きい．ゴルフ場の芝生管理では，ゴルフボールが転がる等，ゴルフというスポーツに適した芝生としての機能が要求される．そのため，ゴルフ場の芝生管理では，ゴルファーにとって快適な芝生環境を維持するために，長年膨大な量の殺虫剤や化学肥料を使用し，芝のみが均一に生育する環境を整備してきた．その結果，化学肥料成分の地下水への流亡等が生じるなど，環境汚染が指摘された．

　1989 年，これらの環境汚染のため，環境省からゴルフ場農薬の暫定指導指針が通知された．

さらに，90 年代に入ると農林水産省からもゴルフ場農薬使用の適正化についての通達が出されるなど，ゴルフ場の芝生管理における農薬の使用に関する規制が多く行われてきた．2018年には，環境省より「ゴルフ場で使用される農薬による水質汚濁の防止及び水産動植物被害の防止に係る指導指針」が通達されるなど，ゴルフ場の芝生管理における農薬使用について厳重な管理が行われている．

　ゴルフ場に使われる土壌は，ゴルフボールの転がりと水はけを考慮して，混合土壌と呼ばれる土が使われている．この混合土壌の組成は，砂が 9 割と改良剤が 1 割であり，降雨や水やりの際，効果的に排水することができ，芝の根にとって快適な環境になるといわれている．芝生を張る前に，これらの土を客土し芝生を生育させるのが一般的となっている．

　芝生が生育している土壌は，畑の土壌環境に近いが，芝生の張替は頻繁に行われないため，耕耘の作業ができないことで独特な土壌環境が形成されている．したがって，芝生土壌の環境は，畑，水田，また樹園地とは異なることが予想された．

　そこで，全国のゴルフ場 25 か所の芝生土壌を採取し SOFIX 分析を行った（表 5.8）．その結果，TC と TP は予想通り低かったが，TN は比較的高かった．芝生はかなりの頻度で芝刈りが行われるため，サッチ（刈カス）の中に含有される TC，TN，TK が蓄積し，これらの分布が生じたものと考えられた．細菌数は，TC が低いにもかかわらず比較的高い数値を示していた．砂の客土や農薬の影響を受けることで，細菌数は低水準であることを予想していたが，相当数の細菌が生育していた．これは環境基準が厳しくなったため，生物性が維持されてきたことに起因するものと思われた．

　ゴルフ場の芝生土壌における細菌数と TC の関係を解析した（図 5.51）．その結果，TC はほぼ均一に分布しており，これは砂の客土による影響であると考えられた．細菌数は広く分布しており，この広い分布域は化学肥料や農薬等，各ゴルフ場の芝生管理の違いにより生じたのであろう．

　芝生は，砂を客土することで水はけや根はりが良くなるといわれている．有機的な環境での芝生の成長に興味が持たれたため，「SOFIX 有機標準土壌」と通常の「客土＋化学肥料」で生育させたものの比較を行った（図 5.52）．

　芝生は SOFIX 有機標準土壌でも非常によく生育し，生葉と根の生重量は「客土＋化学肥料」

表 5.8　ゴルフ場の SOFIX 分析（抜粋）

項目	平均値	範囲
細菌数（$\times 10^8$ cells/g（土壌））	3.7	N.D. ～ 13.0
TC（mg/kg）	9,460	4,470 ～ 23,000
TN（mg/kg）	1,130	330 ～ 2,420
TP（mg/kg）	530	250 ～ 1,090
TK（mg/kg）	1,970	760 ～ 3,720

と比べ，共に5倍以上の生育を示した．ゴルフボールの転がり等の課題はあるが，有機的環境での新たな芝生生育が期待される．

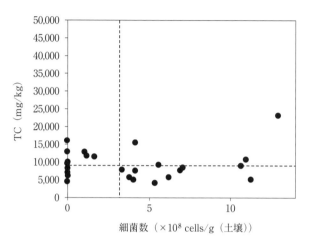

図 5.51 ゴルフ場における細菌数と全炭素（TC）の関係

　　　　客土＋化学肥料　　　　　　　　　　SOFIX 有機標準土壌

図 5.52 SOFIX 有機標準土壌による芝生の生育

第 **6** 章

SOFIX 関連情報

6.1　物質循環活性の指標

（ I ）リン循環活性と TP および C/P 比（基準値）

　リン循環活性は，窒素循環活性と並び非常に重要な土壌中の物質循環活性の指標である．リン循環活性は生物反応だけでなく，土壌中のカルシウム，鉄，そしてアルミニウムなどのミネラル成分との化学反応にも影響され，窒素循環と比べると複雑である（3.2 節(7) 参照）．

　SOFIX 分析を実施すると，リン循環活性が低い土壌が少なからず見られる．図 6.1 に日本の畑における状況を示す．このように，約 25 ％が基準値に入っているが，「細菌数が少ないまたはミネラルが多い」ことに起因してリン循環活性が低下した農地が約 70 ％存在していた．これらの原因を取り除くことで，最適なリン循環活性を取り戻すことが可能である．

　リン循環活性を的確に向上させるため，これまでに実施した SOFIX データベースからリン循環活性の高い土壌条件を検索した．

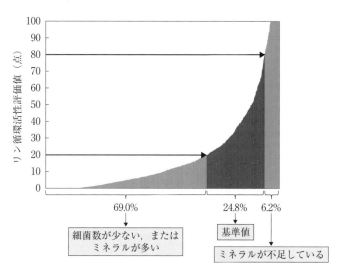

図 6.1　日本の畑地土壌におけるリン循環活性評価値の分布［図 4.17 再掲］

　まず,「全炭素（TC）と全窒素（TN）の関係」と「全炭素（TC）と全リン（TP）の関係」を解析した（図6.2 および図6.3）.

　TC と TN は正の相関関係（$R^2 = 0.453$）が認められたのに対し, TC と TP の関係は広範囲に分布しており, これらの相関（$R^2 = 0.098$）は認められなかった. この結果は, 有機物中のTC と TN はほぼ連動して存在しているが, TC と TP は独立して存在していることを意味している. 換言すると, 堆肥などの有機物を土壌に投入したとき, TC を向上させれば比例してTN も増えるが, TP は必ずしも比例して増えない. したがって, TP は別途調整・投入する必要がある.

　SOFIX 基準値において, リン循環活性に関する最適な TP と C/N 比を求めるため, これまでに定めてきた SOFIX 基準値（畑, 細菌数 $\geq 2.0 \times 10^8$ cells/g（土壌）, TC $\geq 12{,}000$ mg/

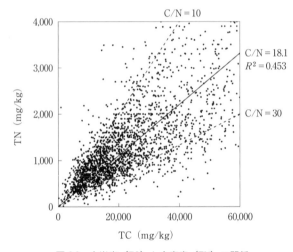

図 6.2　全炭素（TC）と全窒素（TN）の関係

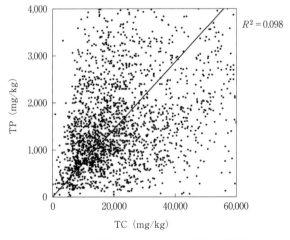

図 6.3　全炭素（TC）と全リン（TP）の関係

kg，TN ≧ 1,000 mg/kg，C/N 比 = 8 〜 27）の条件を満たした土壌サンプルデータを選択し，リン循環活性と細菌数の関係を解析した（図 6.4）．その結果，細菌数が増えるにつれ一定限度まではリン循環活性が高くなっていくことから，窒素循環活性ほどではないが，細菌数はリン循環活性と関連していることがわかった．

　同様に，SOFIX 基準値（畑）における TC とリン循環活性および TP とリン循環活性を解析した（図 6.5 および図 6.6）．その結果，細菌数と同様に TC と TP が増えるにつれリン循環活性も向上していた．

　これらの結果から，窒素循環活性を維持しながらリン循環活性を向上させるためには，TP を増やしていくことが重要であると考えられた．そこで，**C/P 比**に着目し，SOFIX 基準値（畑）において C/P 比とリン循環活性の関係を調べた（図 6.7）．その結果，C/P 比が 7 〜 25 の範囲において，リン循環活性が安定していた．

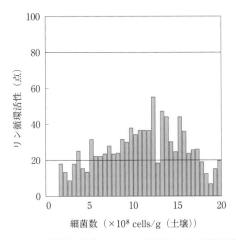

図 6.4　SOFIX 基準値（畑）における細菌数とリン循環活性の関係

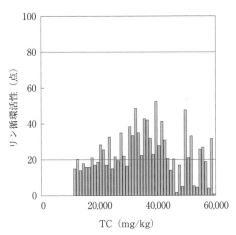

図 6.5　SOFIX 基準値（畑）における全炭素（TC）とリン循環活性の関係

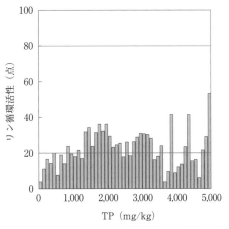

図 6.6　SOFIX 基準値（畑）における全リン（TP）とリン循環活性の関係

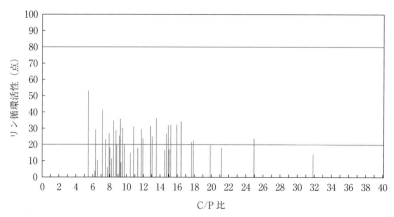

図 6.7　SOFIX 基準値における C/P 比とリン循環活性の関係

表 6.1　SOFIX 基準値および C/P 比 = 7 ～ 25 における全リン（TP）とリン循環活性平均値

TP（mg/kg）	リン循環活性平均値（点）
300 ～ 399	14.4
400 ～ 499	21.6
500 ～ 599	7.6
600 ～ 699	19.0
700 ～ 799	14.0
800 ～ 899	23.8
900 ～ 999	19.6
1,000 ～ 1,099	18.1
1,100 ～ 1,199	21.6
1,200 ～ 1,299	17.0
1,300 ～ 1,399	31.9
1,400 ～ 1,499	34.3

　最終的に，SOFIX 基準値（畑）の下で，C/P 比が 7 ～ 25 における TP とリン循環活性を調べた（表 6.1）．

　これらの結果から，SOFIX 基準値（畑）の窒素循環活性を維持しつつリン循環活性を向上させるためには，**TP ≧ 800 mg/kg，C/P 比 = 7 ～ 25** に調整すればよいことが明らかとなった．

（2）リン循環活性と TP および C/P 比（推奨値）

　同様に SOFIX 推奨値（畑）の状況で，リン循環活性に関する最適な TP と C/N 比を求めた．

　リン循環活性に関する「推奨値」を求めるため，これまでに定めてきた畑における SOFIX 推奨値（細菌数 ≧ 6.0×10^8 cells/g（土壌），TC ≧ 25,000 mg/kg，TN ≧ 1,500 mg/kg，C/N

比 = 10 ～ 25) の条件を満たした土壌サンプルデータを選択し，細菌数とリン循環活性の関係を解析した（図 6.8）．その結果，基準値で解析した以上に，細菌数が増えるにつれリン循環活性が高くなっていたことから，細菌数はリン循環活性にとり重要な要因であることを再認識した．

　同様に，SOFIX 推奨値（畑）における TC とリン循環活性および TP とリン循環活性を解析した（図 6.9 および図 6.10）．その結果，SOFIX 基準値（畑）で解析した場合と同様に TC と TP が増えるにつれリン循環活性も向上していた．

　これらの結果から，基準値の場合と同様に窒素循環活性を維持しながらリン循環活性を向上させるためには，TP を増やしていくことが重要であると考えられた．そこで，SOFIX 推奨値（畑）において C/P 比とリン循環活性の関係を調べた（図 6.11）．その結果，C/P 比が 10 ～ 20 の範囲において，リン循環活性が安定していた．

　最終的に，SOFIX 推奨値（畑）の下で，C/P 比が 8 ～ 20 における TP とリン循環活性を調べた（表 6.2）．

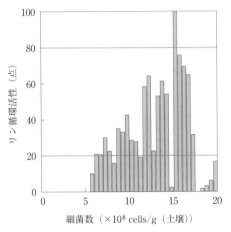

図 6.8 SOFIX 推奨値（畑）における細菌数とリン循環活性の関係

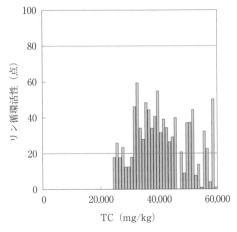

図 6.9 SOFIX 推奨値（畑）における全炭素（TC）とリン循環活性の関係

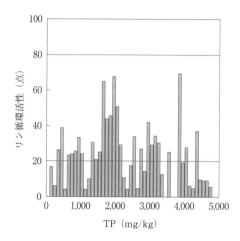

図 6.10　SOFIX 推奨値（畑）における全リン（TP）とリン循環活性の関係

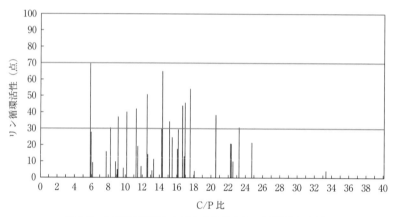

図 6.11　SOFIX 推奨値における C/P 比とリン循環活性の関係

表 6.2　SOFIX 推奨値および C/P 比 = 8 〜 20 における全リン（TP）とリン循環活性平均値

TP（mg/kg）	リン循環活性平均値（点）
700 〜 799	24.1
800 〜 899	25.6
900 〜 999	33.4
1,000 〜 1,099	21.6
1,100 〜 1,199	4.2
1,200 〜 1,299	10.0
1,300 〜 1,399	30.8
1,400 〜 1,499	20.9
1,500 〜 1,599	21.5
1,600 〜 1,699	65.0
1,700 〜 1,799	43.9
1,800 〜 1,899	45.7

　これらの結果から，SOFIX 推奨値（畑）の窒素循環活性を高レベルで維持しつつリン循環活性を向上させるためには，**TP ≧ 1,300 mg/kg**，**C/P 比＝ 8 ～ 20** に調整すればよいことが明らかとなった.

（3）リン循環活性基準値および推奨値を用いたリン循環活性の向上

　本実験において，リン循環活性の基準値（minimum value）と推奨値（recommended value）を設定した．これらの数値に設定した土壌において，リン循環活性が向上することを実証するための実験を行った.

　表 6.3 に実験で用いた土壌を示す．実験土壌 1 は無施肥の土壌で，SOFIX 推奨値とリン循環活性の基準値を満たしていない土壌である．本土壌のリン循環活性は 0 点であり，コントロールとした．実験土壌 2 および 3 は，各種有機資材を用いて SOFIX 基準値（畑）とリン循環活性の基準値を満たすように調整したものであり，それぞれの土壌は施肥した有機物量が異なる．実験土壌 4 は，各種有機資材を用いて SOFIX 推奨値（畑）とリン循環活性の推奨値を満たすように調整した.

　それぞれ水分調整を行い，室温で 7 日間静置後のリン循環活性を分析した（図 6.12）．その結果，リン循環活性の SOFIX 基準値（畑）と SOFIX 推奨値（畑）に調整した実験土壌は顕著にリン循環活性が向上しており，これらの基準値と推奨値が機能することが明らかとなった.

表 6.3 リン循環活性測定のための実験土壌

実験土壌		TC (mg/kg)	TN (mg/kg)	TP (mg/kg)	C/N 比	C/P 比
1	無施肥 (コントロール)	18,300	810	450	22.5	40.7
2	基準値に調整(A)	21,900	1,040	940	21.1	23.3
3	基準値に調整(B)	25,800	1,260	1,140	20.5	22.6
4	推奨値に調整	28,200	1,640	1,460	17.2	19.3

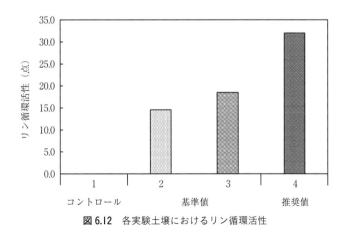

図 6.12 各実験土壌におけるリン循環活性

6.2　畑，水田および樹園地における SOFIX 基準値および推奨値

　これまでの SOFIX データベース解析による研究成果から，畑，水田，および樹園地における SOFIX 基準値と SOFIX 推奨値を以下にまとめる（表 6.4 ～ 6.6，2020 年 5 月 1 日現在）.

表 6.4　畑における SOFIX 基準値および推奨値

項目	基準値 (minimum value)	推奨値 (recommended value)
総細菌数（× 10^8 cells/g（土壌））	≧ 2.0	≧ 6.0
全炭素量（TC）（mg/kg）	≧ 12,000	≧ 25,000
全窒素量（TN）（mg/kg）	≧ 1,000	≧ 1,500
窒素循環活性評価値（点）	≧ 25	≧ 38
リン循環活性評価値（点）	20 ～ 80	30 ～ 70
C/N 比	8 ～ 27	10 ～ 20
全リン量（TP）（mg/kg）	≧ 800	≧ 1,300
C/P 比	7 ～ 25	8 ～ 20

表 6.5　水田における SOFIX 基準値および推奨値

項目	基準値 (minimum value)	推奨値 (recommended value)
総細菌数（× 10^8 cells/g（土壌））	≧ 4.5	≧ 6.0
全炭素量（TC）（mg/kg）	≧ 13,000	≧ 20,000
全窒素量（TN）（mg/kg）	650 ～ 1,500	≧ 800
窒素循環活性評価値（点）	≧ 15	≧ 30
リン循環活性評価値（点）	20 ～ 60	40 ～ 70
C/N 比	15 ～ 30	20 ～ 30
全リン量（TP）（mg/kg）	未定	≧ 650
C/P 比	未定	10 ～ 20

表 6.6　樹園地における SOFIX 基準値および推奨値

項目	基準値 (minimum value)	推奨値 (recommended value)
総細菌数（× 10^8 cells/g（土壌））	≧ 4.5	≧ 6.0
全炭素量（TC）（mg/kg）	15,000 ～ 80,000	25,000 ～ 60,000
全窒素量（TN）（mg/kg）	≧ 1,000	≧ 1,500
窒素循環活性評価値（点）	≧ 25	≧ 38
リン循環活性評価値（点）	30 ～ 80	30 ～ 70
C/N 比	10 ～ 27	15 ～ 30
全リン量（TP）（mg/kg）	未定	≧ 1,300
C/P 比	未定	8 ～ 20

6.3　植物病害（根こぶ病）と土壌環境

　農家の方々が問題意識を持っている項目の中に，連作障害がある．同じ場所で同じ作物を続けて栽培することを「連作」といい，やがて生産量が減少してくることがある．この現象を連作障害という．このように連作障害は，主として土壌に関係する理由から次第に生育不良となっていく現象のことをいう．連作障害には，「**土壌病害**」，「**線虫害**」，および「**生理障害**」が知られている．

　土の中には多くの微生物が生息しており，中には植物病害を引き起こす植物病原菌も潜んでいる．植物は根から微生物の餌となる有機酸や糖，アミノ酸などを分泌する．同じ科の植物は類似した物質を分泌するため，連作を行うとそこに集まってくる微生物の種類が偏ってくる．そのため，微生物の多様性が崩れ，特定の植物病原菌だけが増えていき，「**土壌病害**」が発生しやすくなるといわれている．

　代表的な土壌病害には，**根こぶ病**（原生動物である *Plasmodiophora brassicae* が原因），**青枯病**（細菌である *Ralstonia solanacearum* が原因），**萎黄病**（カビ（糸状菌）である *Fusarium oxysporum* が原因），**つる割病**（カビ（糸状菌）である *Fusarium oxysporum* が原因）などが知られている．線虫害や生理障害は，土壌中の特定の生養分が過剰になったり不足したりすることで，植物の生育が悪くなり線虫害や病害虫の被害を受けやすくなることである．

　根こぶ病は，小松菜などのアブラナ科の植物が感染し，根こぶ胞子が増殖し根にこぶを作ることで，養分や水分を吸収しにくくなり，やがて枯死する植物病である．連作を繰り返すと根こぶ病に感染する割合が増えてくる．図 6.13 に根こぶ病の生活環を示し，図 6.14 に根こぶ病に感染した小松菜根を示す．

　一度根こぶ病に感染すると，土壌中に大量の根こぶ病菌の胞子が放出されることから，アブラナ科の植物を連続して栽培すると感染が継続して引き起こされる．根こぶ病菌の駆除は，

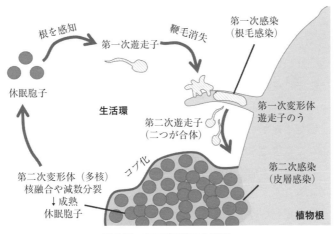

図 6.13　ネコブ病菌の生活環

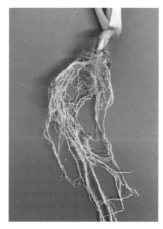 

根こぶ病発症なし　　　　　　　　　　　　根こぶ病発症あり

図 6.14　根こぶ病の発症有無（小松菜根）

表 6.7　化学土壌と有機土壌の成分

土壌	TC (mg/kg)	TN (mg/kg)	細菌数 ($\times 10^8$cells/g（土壌）)
化学土壌	20,300	600	N.D.
有機土壌	32,600	1,600	7.8

　農薬や太陽熱を利用した土壌燻蒸が一般的に用いられているが，これらの処置は土壌中の有用微生物の除去にもつながることから，土壌燻蒸以外の対策が求められている．

　土壌微生物が豊富な有機土壌と貧弱な化学土壌において，植物病害の発生に違いがあるかの検証を試みた．本実験では，アブラナ科である小松菜を供試植物として用い，根こぶ病の感染を解析した．根こぶ病感染の指標は，**疾患指数**（disease index %）を用いて解析した．使用した有機土壌と化学土壌の組成（抜粋）を表 6.7 に示す．

　有機土壌は，細菌数が 7.8×10^8 cells/g（土壌）（7.8 億個/g（土壌））であり，良好な細菌数を示す土壌である．化学土壌は化学肥料を使っている農地土壌で，細菌数は検出限界以下の土壌である．根こぶ病胞子をそれぞれの土壌に 1.0×10^4（10,000）胞子/g（土壌），1.0×10^5（100,000）胞子/g（土壌），1.0×10^6（1,000,000）胞子/g（土壌）入れ，小松菜の苗を定植した（病土法）．一般的に，土壌中に 5.0×10^3（5,000）胞子/g（土壌）存在すれば，根こぶ病が発症するといわれており，本実験に用いた根こぶ病胞子濃度は非常に高いものである．

　4 週間後，各土壌で生育させた小松菜の根こぶ病感染・発症を解析した（図 6.15）．その結果，有機土壌においても根こぶ病の感染・発症は認められたが，化学土壌と比べると明らかに疾患指数は低かった．根こぶ病胞子懸濁液に直接小松菜の根を浸し感染させる，浸根法においても同様の結果が得られた．これらの結果から，有機土壌中に生息する豊富な細菌群が，根こぶ病に対し拮抗的に作用し，根こぶ病の感染を抑制したのではないかと考えられた．

　そこで，小松菜の根内の細菌を解析することとした．それぞれの土壌で栽培した小松菜の

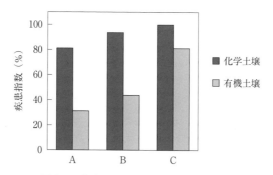

図 6.15　栽培 4 週目の発病度指数（病土法）
A：1.0 × 10⁴ 胞子 /g（土壌），B：1.0 × 10⁵ 胞子 /g（土壌），C：1.0 × 10⁶ 胞子 /g（土壌）.

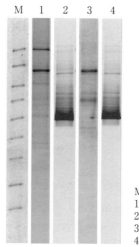

M：DGGE Marker Ⅱ
1：発症なし（化学土壌）
2：発症あり（化学土壌）
3：発症なし（有機土壌）
4：発症あり（有機土壌）

図 6.16　栽培 4 週目における根内の細菌叢

根から細菌の DNA を抽出し，PCR-DGGE により菌叢を解析した（図 6.16）.

　根こぶ病に感染していない，化学土壌および有機土壌で栽培した小松菜根に存在していた細菌叢は，類似しているバンドもあったが，かなり違う位置に出現したバンドが多数認められた. 有機土壌中には多くの細菌群が存在しており，小松菜根内にも多くの細菌が存在していると予想していたが，土壌中の細菌数が少ない化学土壌で栽培した小松菜根の方から多くのバンドが検出された. この結果から，土壌中の細菌数が少ない化学土壌の方から多くの細菌が根に侵入してくることが示唆された.

　一方，根こぶ病に感染・発症した小松菜根の解析では，化学土壌および有機土壌共に類似したバンドが検出された. この結果は，小松菜根に根こぶ病菌が感染すると，類似した細菌が同時に根に侵入することを示しており，また非常に濃いバンドが見られたことから一部の細菌が異常に小松菜根内で増殖することが明らかとなった. このように土壌環境や病態により，植物根の環境も大きく変わり，これらの環境状況が根内の細菌叢にも影響を与えたものと考えられた.

6.4　根内，根圏，および非根圏での細菌の解析

　微生物による植物病害は，土壌中に生息する土壌病原菌が植物根内へ移動することにより引き起こされる．植物病害を抑える手がかりを探るには，土壌中から植物根内への微生物移動やそれらの微生物種を解析することが重要であると考えられる．

　一方，有機的土壌環境下では多くの微生物が生息しており，植物病原菌に対する拮抗菌の存在も多く，土壌病害を抑制しているとの知見もある．また前項で示しているように，細菌数が多い土壌の方が，根こぶ病発症が抑えられていた．このように，土壌微生物の豊富さと植物病害との関係性は非常に興味深い．

　植物根は，土壌中の栄養分を吸収するだけでなく，植物の成長に伴い生成される有機酸など多くの有機物を分泌する．分泌されるこれらの有機物は，植物種により種類が異なっていることはよく知られている．分泌された有機物の周辺には，有機物を分解できる微生物が集まり，植物根周辺でそれらを分解・代謝していき，次第に微生物の数が増えていく．このように，特定の植物種の根圏には，特定の微生物が生息するようになる．

　土壌中の植物根とその周辺の関係を図 6.17 に示す．根圏は，植物の根から有機物が分泌され，土壌微生物に影響を及ぼす領域を示し，それらの影響を受けない領域を非根圏としている．

　細菌数が多い有機土壌と，細菌数が少ない化学土壌で栽培した植物の根内へ移動する細菌について解析を行った．供試植物はアオイ科であるモロヘイヤ（*Corchorus olitorius*）を用い，有機土壌と化学土壌で栽培した．栽培は 5 週間行い，非根圏土壌，根圏土壌，および植物根内から細菌の DNA を抽出し，PCR-DGGE 法で菌叢解析を行った（図 6.18）．また，有機土壌および化学土壌の非根圏，根圏，および根内の PCR-DGGE 解析のバンド数の解析結果を図 6.19 に示す．

　有機土壌の非根圏からは多くのバンドが確認され，多種類の細菌が生息していた（レーン 1）が，化学土壌ではバンド数が少なかった（レーン 4）．根圏の細菌叢は，有機土壌のバンド数より化学土壌のバンド数がやや多かった．有機土壌において，根圏のバンド数が非根圏と比べ

図 6.17　非根圏土壌，根圏，根内の概略図

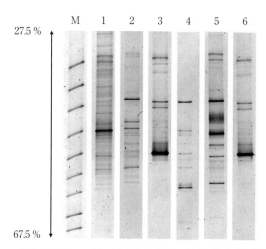

図 6.18　モロヘイヤの非根圏，根圏，根内の細菌叢解析
M: マーカー，1: 非根圏（有機土壌），2: 根圏（有機土壌），3: 根内（有機土壌），
4: 非根圏（化学土壌），5: 根圏（化学土壌），6: 根内（化学土壌）.

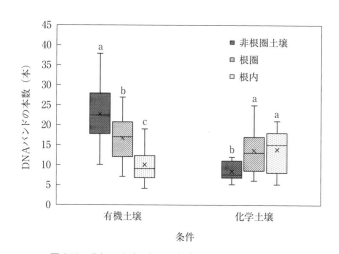

図 6.19　非根圏土壌，根圏，根内の DNA バンド数解析

て減少していたが，化学土壌における根圏のバンド数は，非根圏土壌よりも大幅に増加していた（レーン 4 およびレーン 5）．化学土壌には有機物が少ないため細菌数や細菌種も少ないが，根圏では植物根から有機物が分泌されるため有機物が増えていき，それらを分解・代謝する細菌数や細菌種が増えたものと思われた．

　根内の細菌叢は，有機土壌および化学土壌で栽培したもののいずれからも，ほぼ同じ位置にバンドが現れた．このように，有機土壌や化学土壌という異なる環境で栽培したにもかかわらず，根内に生息する細菌叢は類似していく傾向があることがわかった．同様の結果がモロヘイヤ以外の植物種でも確認された．これらの結果の概要を図 6.20 と図 6.21 に示す．

図 6.20　有機土壌における非根圏土壌，根圏，根内の細菌イメージ．口絵 4 参照．

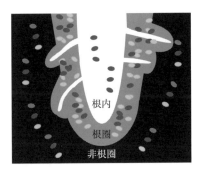

図 6.21　化学土壌における非根圏土壌，根圏，根内の細菌イメージ．口絵 5 参照．

　前述のとおり，化学土壌は含有する有機物が少ないため，非根圏において菌数・菌叢とも少ない．しかしながら根圏では根から有機物が分泌され，有機物が増えていくため菌数・菌叢共に増えてくる．もともと有機物の少ない化学土壌では，これらの分泌される有機物による影響を受けやすく，菌数・菌叢共に大きく増えたものと考えられた．

　一方，有機土壌中は多くの有機物を含有しているため，多種多様な微生物が生息している．植物を栽培し，根から有機物が分泌されると，その有機物を分解・代謝する微生物が根圏で生育してくる．その結果，非根圏と根圏では菌叢の変化が認められる．ただ，有機土壌では化学土壌と比べると初期の有機物量が多いため，植物根から分泌される有機物による影響は比較的小さいものと考えられる．したがって有機土壌での菌数・菌叢変化は，化学土壌と比べると小さくなる．

　根圏に生息するいくつかの微生物は，根内に移動していく．根内の酸素の状態や有機物の存在により，根内に移動できる微生物がさらに限られていくため，有機土壌と化学土壌共に類似した菌叢になったものと思われた．

　本実験を行うにあたり，微生物が多い有機土壌の方がより多くの微生物が根内に移動していくと推測していたが，それほど多くの微生物が移動しないことがわかった．土壌微生物数の割合から考えると，化学土壌に生息する微生物の方が圧倒的に多くの割合で，根内へ移動していた．有機土壌と比べると，化学土壌で栽培した植物根の方がより多くの微生物を取り込むものと考えられ，植物病害の頻度と関連するのかもしれない．

6.5　細菌数と地温

　微生物を専門とする筆者は，微生物を大量培養すると培養液の温度が徐々に上昇し，冷却水が必要であることをしばしば経験した．これは，微生物の増殖により微生物自身が熱を発することに由来している．この熱は**発酵熱**といわれている．堆肥製造過程において，100 ℃近くに温度が上昇してくるが，これも微生物の増殖に伴う発酵熱の蓄積によるものである．

　積雪が多い地域で，有機栽培をしている農地の雪解けが早いことはよく知られている．こ

の雪解けの早さは，農地の地温が高いことに由来するといわれている．地温は農産物の生育に大きく影響を与えるため，寒い季節に地温を向上・維持させる目的で，農地にマルチシートを張る農家は多い．マルチシートにより，地表から数センチの地温は1〜5℃程度上昇する．しかし，夏場になると地温が上がりすぎ，逆に農産物の生育を阻害することもある．また，ビニールハウスなどでは，積極的に地温を向上・維持するアグリヒーターという装置を設置しているところもある．このように，人工的に地温を向上させ農産物の収穫量を増やす農法が一般化している．しかしながら，マルチシートの施用や除去，またアグリヒーターの設置コストやエネルギーコストは，農産物への価格転嫁につながる．

　有機栽培土壌の地温向上は，微生物の発酵熱によるものと考えられ，このエネルギーを有効に使うことができれば，農業の環境負荷低減に寄与できるかもしれない．図6.22に土壌中における微生物の発酵熱生成のイメージを示す．

　微生物数と地温がどのような関係にあるかを調べる実験を行った．微生物の多い有機土壌（12.0×10^8 cells/g（土壌）（12.0億個/g（土壌））），微生物が中程度の有機土壌（6.0×10^8 cells/g（土壌）（6.0億個/g（土壌））），そして微生物の少ない化学土壌（1.0×10^8 cells/g（土壌）（1.0億個/g（土壌）））の3種類の土壌を用意した．春と秋をイメージし，気温を14.0℃に設定した恒温槽を用意した．それぞれの土壌をワグネルポットに入れたのち，恒温槽内でそれらの地温の挙動を解析した（図6.23）．

　その結果，いずれの土壌においても気温である14.0℃を上回っており，また細菌数に応じそれらの地温は高くなっていた．これは有機物が多い土壌中では細菌が活発に動き，発酵熱が生じたことによるものと思われた．

　次に初夏をイメージし，気温を24.4℃に設定して同様の実験を行った（図6.24）．外気温が24.4℃の場合，細菌数に応じ地温は高くなっていたが，すべての土壌の地温は気温より低い点において，気温が14.0℃の場合とは異なっていた．この結果から，細菌数の多さにより発酵熱の土壌蓄積は多くなるが，一定以上の温度を超えると逆に地温が下がることが示唆された．

　そこで，気温を細かく設定し同様の実験を行い，気温と地温の温度差を解析した（図6.25）．

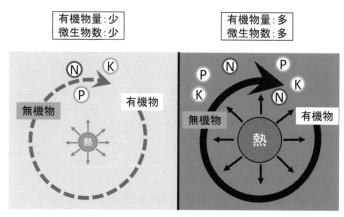

図 6.22　土壌微生物と発酵熱

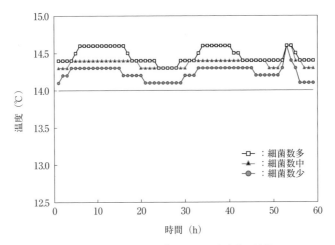

図 6.23　外気温が 14.0 ℃のときの各土壌の地温

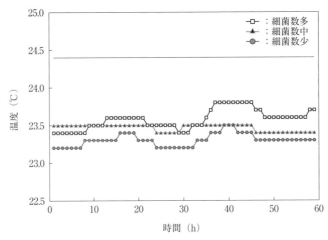

図 6.24　外気温が 24.4 ℃のときの各土壌の地温

　夏場を想定した気温 30.0 ℃では，いずれの土壌においても地温は気温より低く，24.4 ℃の外気温と比べると気温と地温の温度差は広がっていた．また春，秋を想定した気温 14.0 ℃のケースに加え，冬場を想定した気温 4.0 ℃と 8.0 ℃では，地温は気温より高くなっていた．

　地温は細菌数により高くなる傾向があるが，15 ℃付近では気温と地温が一致していた．これらの結果から，土壌微生物の生育は，15 ℃付近が最適な温度域であることが示唆され，気温が低いときは地温を上げる方向に，また気温が高いときは地温を下げる方向に進むことが明らかとなり，土壌微生物数がその緩衝作用を大きくしているように思われた（図 6.26）．

　そこで，実際の農地においても同様の実験を行った．その結果，実験室で得られた結果とほぼ同様の結果となり，細菌数が多い農地ほど安定した地温を示していた．細菌数が多い農地と少ない農地において，1 年間を通じた地温と気温の日較差を図 6.27 に示す．

　細菌数が少ない農地と多い農地とを比べると，細菌数が少ない農地の方が地温の振れ幅が

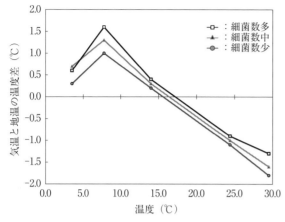

図 6.25　各土壌における気温と地温の温度差

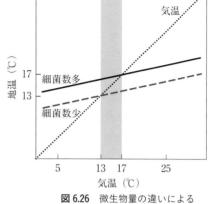

図 6.26　微生物量の違いによる地温と気温の関係

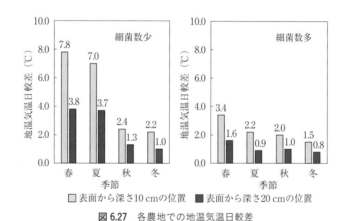

図 6.27　各農地での地温気温日較差

大きく，地温と気温の日較差が大きい傾向であった．これは，細菌数が多い農地の方が地温に対する緩衝作用が大きいことを意味しており，細菌数を高いレベルで維持することにより，安定した地温維持につながることが考えられた．

　一連の実験により，有機土壌の雪解けが早いことは，微生物による土壌中の発酵熱の蓄積によるものであると思われた．また地温は気温に影響されるが，土壌中に微生物が豊富に存在することで，地温の振れ幅が抑えられること，また15℃付近が土壌微生物にとって最適な温度域であることが明らかとなった．土壌微生物は自身の生育に最適な温度域を維持しようと動くため，土壌微生物が多い農地の地温は変動幅が小さくなっているのかもしれない．このように，有機的な環境で適切な微生物数を維持できれば，気温に影響を受けにくい安定した地温維持につながると考えられた．

6.6　SOFIX 野菜販売

　京都市にある「京のこだわり旬野菜の会」では，有機的な環境にこだわった野菜栽培を行っており，京野菜のブランド化の一環として京都市もこの取り組みを支援している．「京のこだわり旬野菜の会」から SOFIX による農地分析診断の依頼があり，3 年間にわたる勉強会と農地改善を経て，実際の農産物販売に取り組むこととなった．

　「京のこだわり旬野菜の会」メンバーの SOFIX 土壌診断を実施したところ，すべての圃場において，細菌数が 2.0×10^8 cells/g（土壌）（2 億個 /g（土壌））を超えていた．なかには 10.0×10^8 cells/g（土壌）（10 億個 /g（土壌））を超える農地もあった．特 A 評価を得た農地も数か所あり，すべての農地において B 評価以上の判定結果を得た．このように，「京のこだわり旬野菜の会」メンバーの圃場は，化学肥料や農薬の使用を極力抑えているため，良好な SOFIX 土壌評価が得られたものと思われた．

　SOFIX 農産物の販売を行うにあたり，次の項目を規定することとした．

① SOFIX 土壌評価において，B 評価以上の場合を「SOFIX 認定土壌」とする．「SOFIX 認定土壌」は，SOFIX 分析から 1 年間有効とする．
②「SOFIX 認定土壌」において栽培した農産物を「SOFIX 農産物」と定義する．
③「SOFIX 農産物」として販売する場合，年 1 回以上の SOFIX 分析を実施し，B 評価以上の「SOFIX 認定土壌」を維持しなければならない．
④ SOFIX 土壌評価において，C 評価以下の農地で栽培した農産物は「SOFIX 農産物」としては販売できない．ただし，C 評価以下が出た場合，SOFIX 処方箋に従い農地改善を実施し，B 評価以上になった場合は，その限りではない．

　2020 年 4 月より，イオン五条京都店で「SOFIX 農産物」として販売を開始した．その様子を図 6.28 で示し，販売で使われているシールを図 6.29 に示す．

図 6.28　SOFIX 農産物販売の様子

図 6.29　販売で使われている SOFIX シール

　「SOFIX 農産物」の販売は，土壌評価を行った農地で栽培した農産物を販売するという，新たな農業ビジネスの展開である．生産者の立場からは，農業生産現場における化学肥料や農薬の低減から農作業に対する安心感を与え，農地の肥沃度向上と高品質農産物の生産に寄与できる取り組みであろう．小売業の立場からは，農産物の付加価値向上や新たな市場開拓が期待できる．また生活者の立場からは，「農地の安心」が「食の安心」につながっていくのではないかと考えている．

6.7　理想的な物質循環型農業を目指して

　日本は温暖な気候に恵まれ，四季を通じて多くの農産物を楽しむことができる．山があり，川があり，海がある．農地に目を転じると，樹園地があり，畑があり，そして水田がある．弥生時代から始まった農耕は，長い年月をかけ，日本の自然の中で徐々にこのような形態が作られていったものと思われる．

　物質循環の観点から農業を概観すると，今ある日本の農耕スタイルは自然と調和した理想的な形であると思われる．上流域から下流域に向けて，「森林」，「里山」，「樹園地」，「畑」，そして「水田」が続いている．以下にそれぞれについて説明する．

（1）森林

　日本の森林率（森林面積の割合）は約 67 ％である．世界の森林率が約 30 ％であることから，日本は森林率が極めて高い国の一つである．適度な降水量と気象条件，そして肥沃な土壌環境から，良好な森林が形成されている．森林では光合成によりバイオマスが生産され，落葉落枝から土壌にバイオマスが蓄積する．これらの蓄積したバイオマスは，降雨により少しずつ下流域に移動していく．

（2）里山

　里山は，集落や人里に隣接し人の手の入った森や林のことを指す．また人の影響を受けているが，生態系が存在している山のことをいい，日本の伝統的な農村の暮らしを支えてきた．上流域の森林から移動してきた木質系バイオマスを肥料分として，里山では樹木が良く成長する．里山で成長した木質バイオマスは，薪や木炭に加工され，エネルギーとして利用されていた．筆者の幼少期には，アカマツの下にある乾燥した松葉を集めて保管していた．乾燥した松葉は，着火力に優れ，薪でたく風呂やかまどの着火剤として使っていたのをよく覚えている．また，よく整備されたアカマツの森林では，樹齢が 20 〜 30 年のアカマツの根本から直径数

メートルの環状で多くのマツタケを収穫したのも記憶している．里山にある腐葉土は，農業資材としても使われていた．

（3）樹園地

里山のふもとには，柿，栗，梅などが植えられており，日本の原風景であった．地域によっては柑橘類，ブドウ，桑などが栽培され，育ちやすい樹木が選ばれていた．里山で余剰になった腐葉土は良質な有機物を多く含んでおり，下流域に位置する樹園地には最適である．これら腐葉土の成分は，降雨等により樹園地に移動し，樹園地の落葉落枝と相まって，豊かな土壌を形成する．

（4）畑

畑では年数回，農産物が定植・収穫される．植物の成長にとって，外部から適切な肥料成分を投入することは不可欠である．畑の上流域にある腐葉土や落葉落枝からの肥料成分は，降雨等により畑に移動し，投入する肥料成分の削減に寄与している．

（5）水田

水田は，森林，里山，樹園地，そして畑とは異なる土壌環境である．稲の栽培中には絶えず水を張っており，嫌気的な土壌環境となる．この嫌気的土壌環境では，嫌気性菌である窒素固定細菌の増殖が活発となり，空気中から窒素成分が土壌に供給される．上流域の畑から降雨等により肥料成分が移動することもあり，水田ではそれほど多くの肥料を要求しない．稲を収穫した後の水田土壌は，肥料成分が減少しており，河川や海へ流出する成分は限られ，大きな環境負荷は生じない．換言すると水田により環境浄化された水が，川を通じて海に還元される．

このように日本の農地は，自然と調和する形で上流域から下流域にかけて広がっており，この農地体系は理にかなった配置である（図6.30）．この理想形を意識しながら農業を実践することが重要であろう．

図6.30 森林，里山，樹園地，畑，水田のつながり

参考文献

- 川村瑞穂，Tran, Q. T，久保幹（2022）土の姿を知る　有機農業の新定番 SOFIX で土の「肥沃度」を上げる，持続農業の土づくり，イカロス出版，74-81（分担執筆）
- 木村彰成，久保幹（2006）Fats and oils-containing wastewater treatment with fats and oils-degrading microorganisms（油脂分解微生物を用いた油脂含有廃水処理），オレオサイエンス，**6**: 501-506
- 久保幹（1997）生物工学的環境浄化のための微生物の挙動解析，生物工学会誌，**75**: 202
- 久保幹（1999）土壌環境と微生物－土壌微生物の解析－，生物工学会誌，**77**: 478
- 久保幹，廣江淳一，村上誠，深海浩（2002）特許番号：特許第 3366962 号，発明の名称：耐塩性バチルス・セレウス CH-6 菌および高塩濃度廃液の処理方法
- 久保幹，雨宮博，岡島壽一，蓮実文彦（2002）特許番号：特許第 3322277 号，発明の名称：バチルス・サーキュランス新規菌株
- 久保幹，雨宮博，岡島壽一，蓮実文彦（2002）特許番号：特許第 3431611 号，発明の名称：バチルス・ステアロサーモフィルス新規菌株およびこれを用いた大豆粕由来の植物成長肥料
- 久保幹，山地洋平，松倉琢磨，住吉紗世子，平野聡子（2004）植物生長促進ペプチドを生成する起源大豆たん白質の解析，大豆たん白質研究，**7**: 85-89
- 久保幹，雨宮博，岡島壽一，蓮実文彦（2004）特許番号：特許第 3577485 号，発明の名称：バチルス・サーキュランス新規菌を用いた大豆粕由来植物成長肥料
- 久保幹（2006）アミノ酸より分子の大きいペプチドの吸収で根毛がワッと出る「有機肥料は化学肥料と何かが違う」の謎に迫る，現代農業，10 月号：288-292
- 久保幹，箕田正史（2011）特許番号：特許第 4688471 号，発明の名称：新規生理活性ペプチド
- 久保幹，森崎久雄，久保田謙三，今中忠行（2012）環境微生物学，化学同人
- 久保幹，新川英典，竹口昌之，蓮実文彦（2013）バイオテクノロジー第 2 版，大学教育出版
- 久保幹（2013）有機農業における新たな土壌診断の可能性（土壌肥沃度指標：SOFIX），野菜情報，**111**: 2-3
- 久保幹（2013）有機農業のための畑の診断指標 SOFIX，現代農業，10 月号：252-255
- 久保幹，久保田健三，石森洋行，松宮芳樹，深川良一，門倉伸行，金森章雄（2014）特許番号：特許第 5068277 号，発明の名称：バイオオーグメンテーションにおける環境評価方法
- 久保幹（2015）環境保全型農業の現状とこれからの展望，農耕と園芸，**70**: 12-16
- 久保幹，松宮芳樹，松山高広（2015）特許番号：特許第 5674258 号，発明の名称：家禽用生育促進剤及びそれを含有する家禽用飼料
- 久保幹（2016）SOFIX でわかる畑の微生物量と C/N 比，現代農業，12 月号：112-115
- 久保幹（2017）土壌づくりのサイエンス，誠文堂新光社
- 久保幹，篠崎彰大，平井敏治，向真樹，Dinesh Adhikari（2017）特許番号：特許第 6238238 号，発明の名称：水浄化処理装置及び水浄化処理方法

- 久保幹（監修）（2018）畑が生まれ変わる理想の堆肥，やさい畑，秋号：8-29
- 久保幹（2019）極限環境生物の産業展開（普及版），14-21，シーエムシー出版
- 久保幹（2019）土壌燻蒸で激減する畑の「菌力」，現代農業，10月号：74-77
- 久保幹（2022）豆かす由来ペプチドによる根毛増殖効果，地力アップ大辞典，農文協，199-209（分担執筆）
- 久保幹（2022）SOFIX（土壌肥沃度指標）による農地診断および施肥設計，地力アップ大辞典，農文協，818-822（分担執筆）
- 久保幹（2022）微生物分解した大豆タンパク質由来ペプチドの根毛増殖，バイオスティミュラントハンドブック，農文協，305-310（分担執筆）
- 久保幹，雲川雄悟，荒木希和子，小西淳一（2022）有機土壌環境と木酢液の植物病抑制効果，バイオスティミュラントハンドブック，農文協，455-460（分担執筆）
- 久保幹（2020）最新農業技術 土壌施肥，農文協，**12**: 16-20, 221-233
- 久保田謙三，石森洋行，松宮芳樹，深川良一，久保幹，門倉伸行，金森章雄（2009）国際特許出願PCT出願番号：PCT/JP2010/54892，発明の名称：新規土壌診断方法
- 久保田謙三，石森洋行，松宮芳樹，深川良一，久保幹，門倉伸行，金森章雄（2010）アメリカ出願番号 13/256,757，発明の名称：新規土壌診断方法
- 久保田謙三，石森洋行，松宮芳樹，深川良一，久保幹，門倉伸行，金森章雄（2010）オーストラリア出願番号 2010225633，発明の名称：新規土壌診断方法
- 久保田健三，石森洋行，松宮芳樹，深川良一，久保幹，門倉伸行，金森章雄（2013）特許番号：特許第5578525号，発明の名称：新規土壌診断方法
- 崎濱由梨，畑山耕太，伊藤浩司，馬淵信行，久保幹（2013）特許番号：特許第5219390号，発明の名称：微生物培養用培地及び微生物製剤
- 杉山政則，久保幹，熊谷孝則（2013）遺伝子とタンパク質のバイオサイエンス，共立出版
- 住吉紗世子，松倉琢磨，山地洋平，原口太和，平野聡子，久保幹（2010）特許番号：特許第4635520号，発明の名称：植物成長促進剤
- 津田治敏，松野敏英，久保田謙三，松宮芳樹，久保幹（2011）土壌環境中における窒素循環の新規評価法，立命館大学理工学研究所紀要，69号：39-46
- 東本繰未，柴田徹，平野晧巳，仲原慎太郎，曽我俊博，荒木希和子，久保幹（2019）*Bacillus subtilis* の土壌環境および植物成長に及ぼす影響解析，立命館大学理工学研究所紀要，78号：19-35
- 平野聡子，久保幹，箕田正史（2010）特許番号：特許第4646571号，発明の名称：不定根形成促進剤
- 松野敏英，津田治敏，久保田謙三，松宮芳樹，久保幹（2010）農地土壌診断－有機農法のための農地物質循環の評価－，立命館大学理工学研究所紀要，68号：85-90
- 松野敏英，堀井幸江，福原優樹，松宮芳樹，久保幹（2012）農地窒素循環の見える化－物質循環系を考えた土づくり－，土づくりとエコ農業，6・7月号：50-55
- 松宮芳樹，木村彰成，青島央江，井元俊之，井元健二，久保幹（2005）環境遺伝子を用いた

環境診断－簡便かつ高精度な環境微生物定量技術－，実用産業情報，**35**: 24-30

- 松宮芳樹，久保幹（2008）厄介ものブルーギルから高機能養鶏飼料へ－飼料代削減に期待－，養鶏の友，10月号：20-23

- Adhikari D, Kai T, Mukai M, Araki K. S, Kubo M（2014）Proposal for a new soil fertility index（SOFIX）for organic agriculture and construction of a SOFIX database for agricultural fields. *Current Topics in Biotechnology*, **8**: 81-91

- Adhikari D, Araki K. S, Mukai M, Kai T, Kubota K, Kawagoe T, Kubo M（2015）Development of an efficient bioremediation system for petroleum hydrocarbon contaminated soils based on hydrocarbon degrading bacteria and organic material control. *Austin J. Biotechnol. & Bioengi.*, **2**: 1-7

- Adhikari D, Mukai M, Kubota K, Kai T, Kaneko N, Araki K. S, Kubo M（2016）Degradation of bioplastics in soil and their degradation effects on environmental microorganisms. *J. Agric. Chem. Environ.*, **5**: 23-34

- Adhikari D, Perwire I. Y, Araki K. S, Kubo M（2016）Stimulation of soil microorganisms in pesticide-contaminated soil using organic materials. *AIMS Bioengi.*, **3**: 379-388

- Adhikari D, Jiang T, Kawagoe T, Kai T, Kubota K, Araki K. S, Kubo M（2017）Relationship among phosphorous circulation activity, bacterial biomass, pH, and mineral concentration in agricultural soil. *Microorganisms*, **5**: 79-90

- Adhikari D, Kobashi Y, Kai T, Kawagoe T, Kubota K, Araki K. S, Kubo M（2018）Suitable soil conditions for tomato cultivation under an organic farming system. *J. Agric. Chem. Environ.*, **7**: 117-132

- Aoshima H, Kimura A, Shibutani A, Okada C, Matsumiya Y, Kubo M（2006）Evaluation of soil bacterial biomass by environmental DNA extracted by slow-stirring method. *Appl. Microbiol. Biotechnol.*, **71**: 875-880

- Araki K. S, Perwira I. Y, Adhikari D, Kubo M（2016）Comparison of soil properties between upland and paddy fields based on the soil fertility index（SOFIX）. *Current Trends in Microbiology*, **10**: 85-94

- Fukuhara Y, Horii S, Matsuno T, Matsumiya Y, Mukai M, Kubo M（2013）Distribution of Hydrocarbon Degrading Bacteria in the Soil Environment and their Contribution to Bioremediation. *Appl. Biochem. Biotechnol.*, **170**: 329-339

- Hasegawa N, Akita H, Kubo M（2001）Promotion of plant growth by soybean waste degrdation products with *Streptomyces* sp. MF20. 立命館大学理工学研究所紀要，**60**: 59-70

- Hasegawa N, Fukumoto Y, Minoda M, Plikomol A., Kubo M（2002）Promotion of plant and root growth by soybean meal degradation products. *Biotechnol. Lett.*, **24**: 1483-1486

- Hasegawa N, Yamaji Y, Minoda S, Kubo M（2003）Effects of D-methionine or L-methionine on root hair of *Brassica rapa. J. Biotechnol. Bioeng.*, **95**: 419-420

- Horii S, Matsuno T, Tagomori J, Mukai M, Adhikari D, Kubo M（2013）Isolation and identification of phytate degrading bacteria and their contribution to phytate mineralization in soil. *J. Gen. Appl. Microbiol.*, **59**: 353-360

- Islam Z, Tran Q. T, Koizumi S, Kato F, Ito K, Araki K. S, Kubo M（2022）Effect of steel slag on soil fertility and plant growth. *J. Agric. Chem. Environ.*,**11**: 209-221

- Islam Z, Tran Q. T, Kubo M（2023）Development of a small-scale cherry tomato cultivation method using organic soil. *Org. Agr.*, **13**: 237-246

- Kai T, Kukai M, Araki K. S, Adhikari D, Kubo M（2015）Physical and biological properties of apple orchard soils of different productivities. *Open J. Soil Sci.*, **5**: 149-156

- Kai T , Mukai M, Araki K. S, Adhikari D, Kubo M（2016）Analysis of chemical and biological soil properties in organically and conventionally fertilized apple orchards. *J. Agric. Chem. Environ.*, **5**: 92-99

- Kai T, Adhikari D,　Kubo M（2017）Soil preparation based on microorganisms –soil fertility index（SOFIX）-. *Irrigation, Drainage and Rural Engi. J.*, **85**: 15-18

- Kubo M, Hasumi F, Inouye K（1996）A novel use of biomass resources. *Bio Industry*, **13**: 44-51

- Kubo M, Hasumi F（1998）A novel use of biomass resources -environmental clean up with plant proteins and microorganisms-. *Recent Res. Devel. in Agricultural & Biological Chem.*, **2**: 455-465

- Kubo M, Murakami M（2000）高濃度 NaCl 含有廃水処理システム－特殊微生物の挙動と重要性－. *J. Water and Waste*, **42**: 738-739

- Kubo M, Hiroe J, Murakami M, Fukami H, Tachiki T（2001）Treatment of hypersaline wastewater with salt tolerance microorganisms. *J. Biosci. Bioeng.*, **91**: 222-224

- Kubo M, Horii S, Matsuno T, Mukai M, Adhikari D（2015）Evaluation of soil fertility for plant growth based on bacterial biomass and material circulation in soil environment (Shishir Sinha Ed.). *Chemical Technology Series, Fertilizer Technology II, Biofertilizer*, Studium Press LLC, U.S.A., pp.147-160

- Kubo M, Mukai M, Adhikari D（2016）Construction of soil fertile index（SOFIX）based on microorganisms and application for agriculture. *J. Environ. Biotechnol.*, **15**: 85-90

- Kubo M, Pholkaw P, Tran Q. T, Araki K. S（2019）Construction of organic soil based on soil fertility index（SOFIX）. *Proceedings of International Workshop on Enabling Capacity in Production and Application of Bio-pesticides and Bio-fertilizers for Soil-borne Disease Control and Organic Farming*, pp.1-8

- Kubo M（2021）Suitable soil condition for efficient cultivation of medicinal plant. *Agricultural Biotechnology*, **5**: 724-727

- Matsumiya Y, Kubo M（2008）Utilization of biomass based on biorefinery: Development of novel bioactive peptides from soybean waste. *Research Trends*, **4**: 83-91

- Matsumiya Y, Wakita D, Kimura A, Sanpa S, Kubo M（2007）Isolation and characterization of a lipid-degrading bacterium and its application to lipid-containing wastewater treatment. *J. Biotechnol. Bioeng.*, **103**: 325-330

- Matsumiya Y, Sumiyoshi S, Matsukura T, Kubo M (2007) Effect on epidermal cell of soybean protein-degraded products and structural determination of the root hair promoting peptide. *Appl. Microbiol. Biotechnol.*, **77**: 37-43

- Matsumiya Y, Kubo M (2011) Soybean peptide: Novel plant growth promoting peptide from soybean (El-Shemy H. A. Ed.). *Soybean and Nutrition*, IntechOpen, pp. 215-230

- Matsumiya Y, Taniguchi R, Kubo M (2012) Analysis of peptide uptake and location of root hair-promoting peptide accumulation in plant roots. *J. Peptide Science*, **18**: 177-182

- Matsumiya Y, Horii S, Matsuno T, Kubo M (2013) Soybean as a nitrogen supplier (Board James E. Ed.). *A Comprehensive Survey of International Soybean Research*, IntechOpen, pp. 49-60

- Matsuno T, Horii S, Sato T, Matsumiya Y, Kubo M (2013) Analysis of nitrification in agricultural soil and improvement of nitrogen circulation with autotrophic ammonia-oxidizing bacteria. *Appl. Biochem. Biotechnol.*, **169**: 795-809

- Okajima J, Ohkura I, Hasumi F, Kubo M (1995) Screening of aerobic thermophilic strains and fermentative heat generation by cultivation in rice bran medium, 日本農芸化学会誌, **69**: 1179-1181

- Perwire I. Y, Hanashiro T, Nimatus L, Adhikari D, Araki K. S, Kubo M (2017) Construction of a new water treatment system based on material circulation. *J. Water Resource and Protection*, **9**: 1014-1025

- Pholkaw P, Muraji A, Maeda K, Kawagoe T, Kubota K, Sanpa S, Tran Q. T, Kubo M (2019) Utilization of wood biomass for organic soil based on the soil fertility index (SOFIX). *J. Agric. Chem. Environ.*, **8**: 224-236

- Pholkaw P, Tran Q. T, Kai T, Kawagoe T, Kubota K, Araki K. S, Kubo M (2020) Characterization of orchard fields based on Soil Fertility Index (SOFIX). *J. Agric. Chem. Environ.*, **9**: 159-176

- Sanpa S, Sumiyoshi S, Kujira T, Matsumiya Y, Kubo M (2006) Isolation and characterization of a bluegill-degrading microorganism, and analysis of the plant growth-promoting effect of the degraded products. *Biosci. Biotech. Biochem.*, **70**: 340-347

- Sanpa S, Imaki K, Konishi J, Shibata A, Matsumiya Y, Kubo M (2006) Effect of charcoal from woody waste on the soil bacterial biomass and its plant-growth promoting effect. *Woody Carbonization Res.*, **2**: 37-42

- Tran Q. T, Araki K. S, Kubo M (2021) An investigation of upland soil fertility from different soil types. *Annals of Agricultural Sciences*, **66**: 101-108

索　引

あ行

た行

Memorandum

Memorandum

Memorandum

著者紹介

久保 幹（くぼ もとき）

1985 年　広島大学大学院工学研究科博士課程前期修了
現　　在　立命館大学生命科学部教授・博士（工学）
専　　攻　環境微生物学・環境科学
主要著書：『土壌づくりのサイエンス』2017，誠文堂新光社
　　　　　『バイオテクノロジー・第 2 版』2013，大学教育出版
　　　　　『環境微生物学』2012，化学同人

SOFIX物質循環型農業
−有機農業・減農薬・減化学肥料への指標−

Agriculture based on material circulation
− Indicator for organic agriculture,
reduction of agrochemicals −

2020 年 10 月 20 日　初　版　1 刷発行
2024 年 5 月 15 日　初　版　2 刷発行

検印廃止
NDC 613.58
ISBN978-4-320-05811-8

著　者　久　保　　幹　© 2020

発　行　共立出版株式会社／南條光章

東京都文京区小日向 4 丁目 6 番 19 号
電話 03(3947)2511（代表）
郵便番号 112-0006
振替口座 00110-2-57035
URL　www.kyoritsu-pub.co.jp

印　刷　藤原印刷
製　本　協栄製本

一般社団法人
自然科学書協会
会員

Printed in Japan